优质高等职业院校建设项目校企联合开发教材

喷灌与微灌系统及设备

张　强　吴玉秀　主编

中国农业大学出版社
·北京·

内 容 简 介

本教材在编写的过程中紧紧围绕"以市场需求为导向,以职业技能为核心"的理念。根据这些年喷灌、微灌设备发展推广应用情况,就我们常用的喷灌、微灌系统及设备分类及概念、特点、工作原理、技术参数、应用范围等进行论述。该教材共分为5章,内容包括概述、水源工程及首部枢纽、微灌系统管网及灌水器、喷灌系统管网及灌水器、微灌自动控制系统。

本教材主要用于农业职业院校水利工程专业学生与教师,也是自治区大学生村官与新型农民培训和节水技术人员培训用书之一,也可为工程规划设计人员提供参考。此教材既可满足培养节水灌溉职业技术人才的需求,也可以提高基层水利单位人员管理素质,对发展高效节水灌溉工程起到积极的推动作用。

图书在版编目(CIP)数据

喷灌与微灌系统及设备/张强,吴玉秀主编. —北京:中国农业大学出版社,2016.12
ISBN 978-7-5655-1740-2

Ⅰ.①喷… Ⅱ.①张…②吴… Ⅲ.①喷灌 ②微灌 Ⅳ.①S275.5

中国版本图书馆 CIP 数据核字(2016)第 282752 号

书　名 喷灌与微灌系统及设备
作　者 张　强　吴玉秀　主编

策划编辑 姚慧敏　　**责任编辑** 姚慧敏
封面设计 郑　川　　**责任校对** 王晓凤
出版发行 中国农业大学出版社
社　址 北京市海淀区圆明园西路2号　　**邮政编码** 100193
电　话 发行部 010-62818525,8625　　读者服务部 010-62732336
编辑部 010-62732617,2618　　出　版　部 010-62733440
网　址 http://www.cau.edu.cn/caup　　**E-mail** cbsszs @ cau.edu.cn
经　销 新华书店
印　刷 涿州市星河印刷有限公司
版　次 2016年12月第1版　2016年12月第1次印刷
规　格 787×1 092　16开本　8.75印张　215千字
定　价 20.00元

编　委　会

编 写 人 员

主　编　张　强　吴玉秀

副主编　苟陕妮　杨晓军　李　文

参　编　（按姓氏音序排列）

白安龙　宋艳军　郑梅锋

前　言

我国是一个水资源严重短缺的国家，农业用水量大，农业用水量约占经济社会用水总量的60%以上，部分地区高达90%以上，农业用水效率不高，节水潜力很大。因此发展节水农业，采用先进的节水灌溉技术，扩大节水灌溉面积，提高灌溉保证率，是促进水资源可持续利用、保障国家粮食安全、加快转变经济发展方式的重要举措。

30多年来，在喷灌、微灌技术科学研究和推广中，我国科学技术工作者在学习国外技术的基础上，在实践中创新，研究开发了大量的喷灌、微灌节水灌溉技术、设备和新产品，这些设备及技术应用到大田经济作物、粮食作物、林果及花卉、设施农业等。截至2013年底，我国农田有效灌溉面积为9.52亿亩，其中，节水灌溉工程面积约占有效灌溉面积的43%，喷灌、微灌面积仅占有效灌溉面积的11%，和国外一些发达国家相比，灌溉比例差距较大，因此需要加大力度普及节水灌溉技术，让更多人了解、学习及掌握喷灌与微灌设备应用及技术，更好地促进节水事业发展，大力发展节水灌溉技术不但可以解决我国水资源供需矛盾，提高灌溉水利用率，还可以促进农业优质、高效、高产地发展。

为了推广和普及节水灌溉技术，特邀请高等院校、科研单位、管理部门及生产企业的有关专家来新疆农业职业技术学院讲课，并编写教材。由于近年来节水灌溉技术设备发展迅速，有待于进一步研究的内容很多，书中的不足和错误之处，恳切希望读者给予批评指正，再次感谢参与编写的各位专家领导和参与编写、审稿的同志，感谢你们的辛勤付出！

编　者

2016.10

目　　录

第一章　概　　述

第一节　绪　　论

水是人类生存和发展不可替代的资源，是实现经济社会可持续发展的基础。我国是一个严重缺水的国家，虽然水资源总量较多，但由于我国是一个人口大国，所以人均水资源占有率极低，淡水资源只占世界总量的8%，缺水在我国是一个普遍存在的现象，且呈不断加剧的趋势。随着人口的增长和经济的快速发展，我国水资源短缺矛盾更加突出，水的供需矛盾不断加剧，而且我国水资源在地区之间的分布不均，从而导致我国在水资源的开发利用上存在着较大的难度。区域经济快速发展，其用水量超过了其水资源可利用总量的承载能力，为保障实际用水的需求，人类不得不超量对地下水进行开采，从而导致地下水位下降严重，而且导致一些地区地面沉降及一系列环境问题的发生。

中国水资源总量少于巴西、俄罗斯、加拿大、美国和印度尼西亚，居世界第6位。若按人均水资源占有量这一指标来衡量，则仅占世界平均水平的1/4，排名在第110名之后。缺水状况在中国普遍存在，而且有不断加剧的趋势。全国大约670个城市中，1/2以上存在着不同程度的缺水现象，其中，严重缺水的有110多个。

中国水资源总量虽然较多，但人均量并不丰富。水资源的特点是地区分布不均，水土资源组合不平衡；年内分配集中，年际变化大；连丰连枯年份比较突出；河流的泥沙淤积严重。这些特点造成了中国容易发生水旱灾害，水的供需产生矛盾，这也决定了中国对水资源的开发利用、江河整治的任务十分艰巨。

自1952年10月30日毛泽东主席提出“南方水多，北方水少，如有可能，借点水来也是可以的”的设想以来，在党中央、国务院领导的关怀下，广大科技工作者做了大量的野外勘查和测量，在分析比较50多种方案的基础上，形成了南水北调东线、中线和西线调水的基本方案，并取得了一大批富有价值的成果。

南水北调总体规划推荐东线、中线和西线三条调水线路。通过三条调水线路与长江、黄河、淮河和海河四大江河的联系，构成以“四横三纵”为主体的总体布局，以利于实现中国水资源南北调配、东西互济的合理配置格局，已创造了6个世界之最。南水北调工程目的是促进中国南北经济、社会与人口、资源、环境的协调发展。西线工程截至目前，还没有开工建设。规划的东线、中线和西线到2050年调水总规模为448亿m^3，其中东线148亿m^3，中线130亿m^3，西线170亿m^3。整个工程将根据实际情况分期实施，供水面积145万km^2，受益人口4.38亿人。

我国是一个农业大国，耕地面积较多，这些耕地是我国粮食的主要来源，所以农业用水需求量较大，但在许多农村，仍沿用传统的地面灌水技术，存在着水渠渗漏的情况，导致灌溉水的利用率极低，造成水资源的严重浪费。从东南到西北几乎所有耕地的绝大多数作物都需要不同程度的灌溉。灌溉是弥补自然降水在数量上的不足与时空上的不均、保证适时适量地满足草坪生长所需水分的重要措施。目前，灌溉面积仅占全国耕地面积的42%，干旱缺水限制了灌溉，也限制了农业和农村的发展。

干旱缺水的基本国情决定了我国农业必须走节水的道路。由于灌溉技术和管理水平落后、灌溉设施老化失修等原因，目前我国灌溉水的利用率仅为40%左右，比发达国家低25～30个百分点；吨粮耗水1 330 m^3，比发达国家高300～400 m^3。因此，我国农业节水灌溉发展潜力很大。节水灌溉是提高灌溉水利用率的有效措施，也是农业持续发展的重要内涵。

节水灌溉是指用尽可能少的水投入，取得尽可能多的农作物产量的一种灌溉模式。它是技术进步的产物，也是现代化农业的重要内涵。其核心是在有限的水资源条件下，通过采用先进的水利工程技术、适宜的农作物栽培技术和用水管理等综合技术措施，充分提高灌溉水的利用率和水分生产率。节水灌溉体系包括工程技术、农艺技术以及与这些技术相关的节水新材料、新设备等。在21世纪，节水灌溉的实施对实现我国水资源可持续利用保障我国经济社会可持续发展具有十分重要的意义。

本教材主要介绍喷灌与微灌系统及设备。

第二节　喷灌系统的组成及分类

一、喷灌的概念和特点

(一)喷灌的概念

喷灌是喷洒灌溉的简称，是利用水泵加压或自然落差将水通过压力管道输送到田间，经喷头喷射到空中，形成细小的水滴，均匀喷洒在农田上，为作物正常生长提供必要的水分条件的一种先进灌水方式。

(二)喷灌的特点

喷灌采用压力管道输送水灌溉，与传统地面灌溉相比，可以有效减少输水渗漏，提高输水效率；喷灌的田间灌溉采用喷头喷洒完成，一般不会产生径流和深层渗漏，田间水利用系数高；喷灌在喷洒过程中可形成一个相对湿润的田间小气候；喷灌系统容易实现自动化，可有效降低人工的劳动强度。

二、喷灌系统的组成

喷灌系统是指从水源取水到田间喷洒灌水整个工程设施的总称。喷灌系统由水源工程、水泵与动力机、管道系统、喷头及附属设备和附属工程组成，在有条件的地区，喷灌系统还设有自动控制设备。图1-1是一种简单的取自地表水喷灌系统组成示意图，图1-2是一种简单的取自地下水喷灌系统组成示意图。

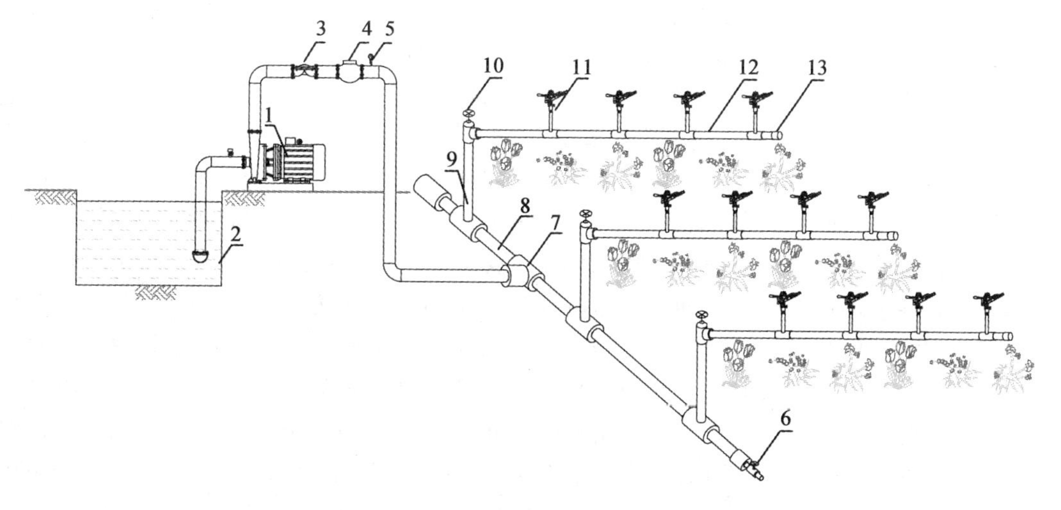

1. 动力及加压设备　2. 地表水水源　3. 逆止阀　4. 水表　5. 压力表　6. 排水阀　7. 地下管网连接管件
8. 地下管网　9. 出水栓　10. 取水阀　11. 喷头及连接件　12. 喷灌用地面管　13. 管堵

图 1-1　地表水喷灌系统组成示意图

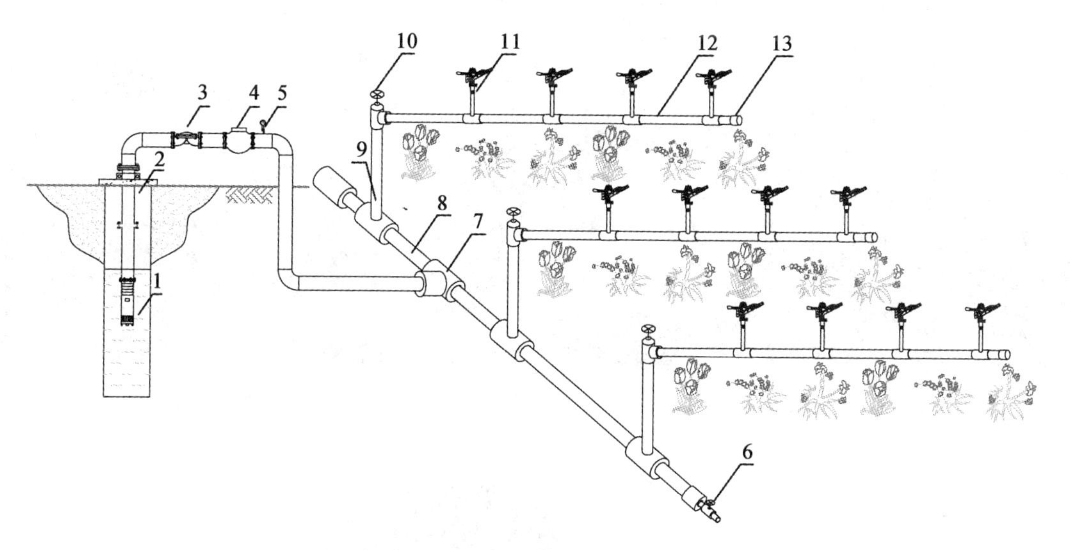

1. 动力及加压设备　2. 地下水水源　3. 逆止阀　4. 水表　5. 压力表　6. 排水阀　7. 地下管网连接管件
8. 地下管网　9. 出水栓　10. 取水阀　11. 喷头及连接件　12. 喷灌用地面管　13. 管堵

图 1-2　地下水喷灌系统组成示意图

三、喷灌系统的分类

喷灌系统有多种类型，按水流获得的压力方式可分为机压式、自压式和提水蓄能式喷灌系统；按喷灌设备的形式可分为管道式和机组式喷灌系统；按喷洒方式可分为定喷式和行喷式喷灌系统。

中国一般将喷灌系统划分为移动式、固定式和半固定式三种类型。移动式喷灌系统从田间渠道、井、塘直接吸水，其动力、水泵、管道和喷头全部可以移动，这种系统的机械设备利用率高，应用最为广泛。如 20 世纪 60 年代以前，苏联等国采用较多的双悬臂式喷灌机，它是一种由拖拉机拖带的单喷头远射程喷灌机；70 年代以后，美、苏等国采用的配带动力水泵的时针式喷灌机和平移式喷灌机，中国采用的小型喷灌机组是由多级管道组成的全移动管道式喷灌机组和有动力水泵配套的绞盘式喷灌机等。固定式喷灌系统动力、水泵固定，输(配)水干管(分干管)及工作支管均埋入地下。喷头可常年安装在与支管连接伸出地面的竖管上，也可按轮灌顺序轮换安装使用。这种形式虽然运行管理方便，并便于实现自动控制，但因设备利用率低，投资大，竖管妨碍机耕，世界各国发展面积都不多。一般只用于灌水次数频繁、经济价值高的蔬菜和经济作物的灌溉。半固定式喷灌系统动力、水泵固定，输(配)水干管(分干管)埋入地下，工作支管和喷头可以移动，由连接在干管(分干管)伸出地面的给水栓向支管供水。移动支管可以采用人工移动，也可以用机械移动。滚移式、端拖式、不配带动力水泵的时针式(图 1-3)、平移式(图 1-4)、绞盘式(图 1-5)等，是世界各国采用较多的几种机械移管方式。由于半固定式喷灌系统设备利用率较高，运行管理比较方便，故为世界各国广泛采用。

图 1-3　时针式喷灌系统

图 1-4　平移式喷灌系统

图 1-5　绞盘式喷灌系统

第三节　微灌系统的组成及分类

一、微灌的概念和特点

(一)微灌的概念

微灌是根据作物需水要求,通过低压管道系统与安装在末级管道上的灌水器(滴头、微喷头、渗灌管和微管等),将作物生长所需的水分和养分以较小的流量均匀、准确地直接输送到作物根部附近的土壤表面或土层中的灌水方式,使作物根部的土壤经常保持在最佳水、肥、气、最适宜的温度状态的灌水方法,包括滴灌、微喷灌和涌泉灌等。

(二)微灌的特点

微灌与喷灌相比,它属于局部灌溉,灌水流量小,一次灌水延续时间长、周期短,需要的工作压力低,把水和养分直接输送到作物根部附近的土壤中,满足作物生长发育之需要,具有省水节能、灌水均匀、适应性强、操作方便等优点。微灌是一些水资源贫乏的地区和发达国家非常重视的一项灌水技术。微灌系统已普遍推广应用自动化,并已研发出相应的成套设备,极大地降低了人工的劳动强度。

二、微灌系统的组成

微灌是利用微灌设备组装成微灌系统,将有压水输送分配到田间,通过微灌灌水器以微小的流量湿润作物根部附近土壤的一种局部灌水技术。典型的微灌系统通常由水源、首部枢纽、输配水管网和灌水器 4 部分组成。

水源:江河、渠道、湖泊、水库、井、泉等均可作为微灌水源,但其水质需符合微灌要求。

首部枢纽:包括水泵、动力机、肥料和化学药品注入设备、过滤设备、控制器、控制阀、进排气阀、压力流量量测仪表等。

输配水管网:输配水管网的作用是将首部枢纽处理过的水按照要求输送分配到每个灌水单元和灌水器,输配水管网包括干、支管和毛管三级管道。毛管是微灌系统的最末一级管道,其上安装或连接灌水器。

灌水器:灌水器是直接施水的设备,其作用是消减压力,将水流变为水滴、细流或喷洒状施入土壤。

图 1-6 是一种简单的取自地下水微灌系统组成示意图,图 1-7 是一种简单的取自地表水微灌系统组成示意图。

三、微灌系统的分类

根据组成微灌系统的灌水器和水流出水方式的不同,微灌分为以下 4 种类型:

滴灌,是通过末级管道(称为毛管)上的灌水器,即滴头,将一定压力的水消能后以间

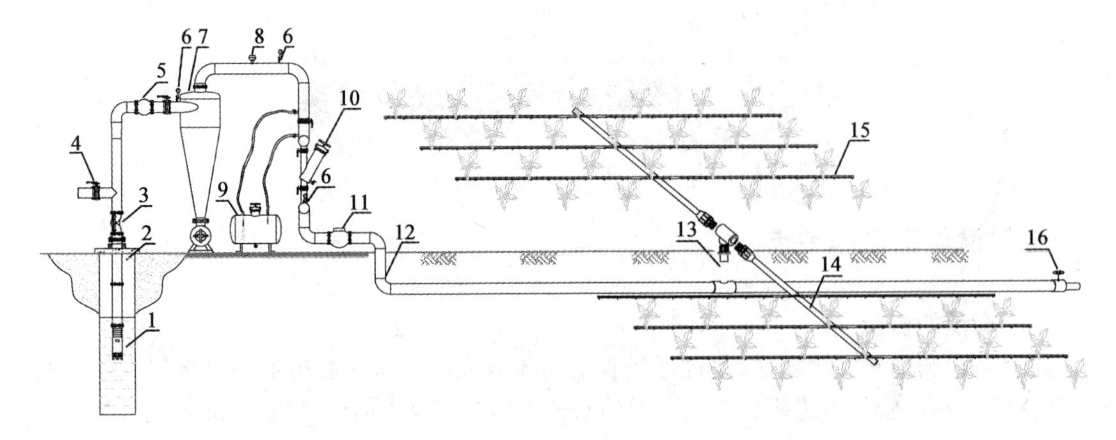

1.动力及加压设备　2.地下水水源　3.逆止阀　4.控制阀　5.软连接　6.压力表　7.离心式过滤器　8.排气阀　9.施肥罐　10.网式过滤器　11.计量表　12.地下管道及连接件　13.出水栓　14.地面管　15.毛管与滴头　16.排水阀

图 1-6　地下水微灌系统组成示意图

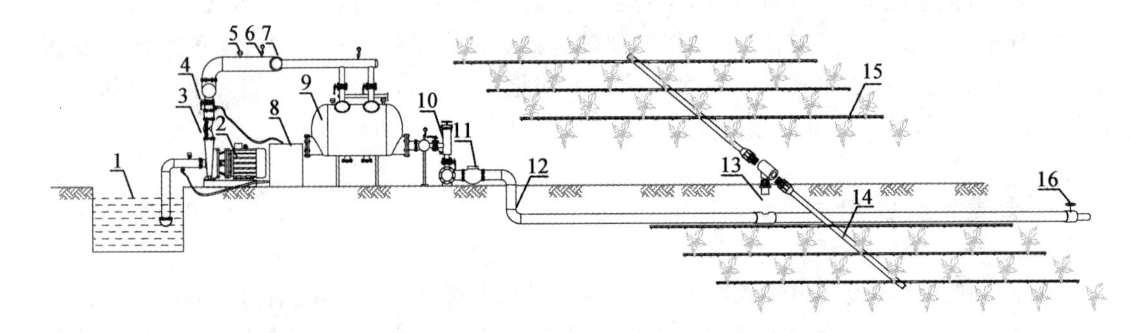

1.动力及加压设备　2.地表水水源　3.逆止阀　4.控制阀　5.排气阀　6.压力表　7.连接管　8.施肥箱　9.砂石罐　10.网式过滤器　11.计量表　12.地下管道及连接件　13.出水栓　14.地面管　15.毛管与滴头　16.排水阀

图 1-7　地表水微灌系统组成示意图

断或连续的水流形式灌到作物根区附近土壤表面的灌水形式，见图 1-8，使用中可以将毛管或灌水器放在地面上，也可以埋入地下适宜深度，前者称为地表滴灌，后者称为地下滴灌。

渗灌，微灌系统尾部灌水器为一根特制的毛管埋入田间地下一定深度，低压水通过渗水毛管管壁的毛细孔以渗流的形式湿润其周围土壤，水直接施到地表下的作物根区，其流量与地表滴灌相接近，可有效减少地表蒸发，是目前最为节水的一种灌水形式，见图 1-9。

微喷灌，是利用直接安装在毛管上或与毛管连接的灌水器，即微喷头，将压力水以细小的水雾喷洒状喷洒在作物叶面或根区附近土壤表面的一种灌水形式，简称微喷。微喷灌还具有提高空气湿度，调节田间小气候的作用。但在某些情况下，例如草坪微喷灌，属于全面积灌溉，严格来讲，它不完全属于局部灌溉的范畴，而是一种小流量灌溉技术，见图 1-10 微喷带、图 1-11 微喷头示意图。

涌泉灌，涌泉灌是利用直径 4 mm 的小塑料管作为灌水器，即涌水器，将管道中的压力水通过灌水器，以小股水流或以细流状的形式局部湿润到土壤表面的一种灌水形式。这种灌溉技术抗堵塞性能比滴灌、微喷灌高，通常用它灌溉果树，国内称这种微灌技术为小管出流灌溉，见图 1-12。

图 1-8　滴灌示意图

图 1-9　渗灌示意图

图 1-10　微喷带效果示意图

图 1-11　微喷头效果示意图

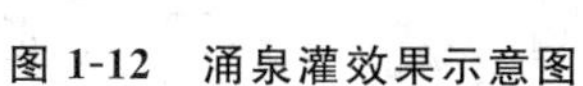

图 1-12　涌泉灌效果示意图

第四节　喷灌与微灌设备

一、喷灌与微灌设备的种类

（一）喷灌的主要设备

1. 喷头

喷头是喷灌系统的主要组成部分，它的作用是把有压水流喷射到空中，散成细小的水滴后均匀地散落在它所控制的灌溉面积上。因此，喷头结构形式及其制造质量的好坏直接影响到喷灌质量。

2. 管道及附件

(1)管道

管道是喷灌系统的主要组成部分，按其使用条件可分为固定管道和移动管道两类。

(2)附件

管道附件是指管道系统中的控制件和连接件，是管道系统不可缺少的配件。

（二）微灌的主要设备

1. 灌水器

灌水器的作用是把末级管道（毛管）的压力水流均匀而又稳定地灌到作物根区附近的土壤中，灌水器质量的好坏直接影响到微灌系统的寿命及灌水质量的高低。灌水器种类繁多，各有其特点，适用条件也各有差异。按结构和出流形式不同灌水器主要有滴头、滴灌带、微喷头、涌水器、渗灌管（带）5类。

2. 过滤设备

微灌系统通过灌水器来调节流量，灌水器的流道直径均很小，极易被灌溉水中的物理和化学杂质堵塞，因此，在微灌系统中必须配置适宜的过滤设备，常见微灌系统过滤设备根据水质条件有两级或三级过滤，以地下水为灌溉水常采用旋流离心分离器＋网式（叠片）过滤器两级组合，如图1-13所示，以地表水为灌溉水，首先将水中含沙量超过200 mg/L或水中含有氧化铁修建沉沙池进行水质处理，常采用砂石过滤器＋网式（叠片）过滤器两级组合，如图1-14所示，对于含沙量较大的灌溉水，除了进行沉淀池处理，还需要三级过滤：旋流离心分离器＋砂石过滤器＋网式（叠片）组合，如图1-15所示，随着滴灌技术的不断发展、改进与创新，研制适合中国国情灌溉水质标准的过滤器，如叠片过滤器组合如图1-16所示、自动反冲洗砂石过滤器如图1-17所示、自清洗网式过滤器如图1-18和泵前渗透微滤机如图1-19所示，近年来，泵前渗透微滤机因其对含有较多杂物的水质有很好的过滤效果，在地表水滴灌灌溉系统上应用也较多。

3. 管道及附件

(1)常用管道

微灌系统大量使用塑料管，主要有聚氯乙烯（PVC）、聚丙烯（PP）和聚乙烯（PE）管，在首部枢纽连接也使用一些镀锌焊接钢管。

图 1-13　离心＋网式过滤器示意图

图 1-14　砂石＋网式过滤器示意图

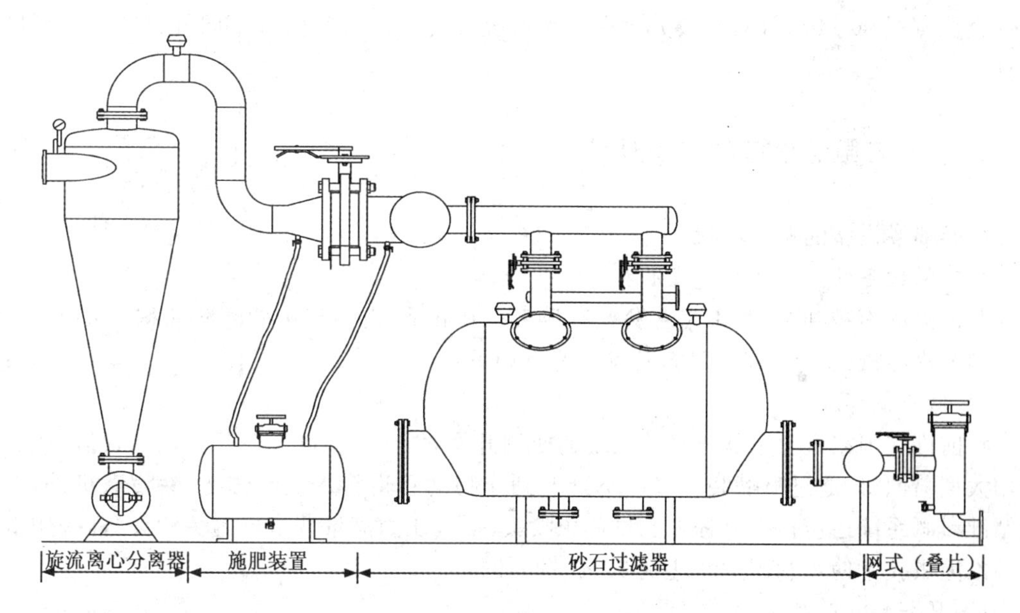

图 1-15　离心＋砂石＋网式(叠片)三级过滤器示意图

图 1-16　叠片过滤器组合示意图

图 1-17　自动反冲洗砂石过滤器示意图

图 1-18　自清洗网式过滤器示意图

图 1-19　泵前渗透微滤机示意图

(2)附件

微灌系统从首部枢纽、输水管道到田间支、毛管，要用不同直径、不同类型的管件，常用管件直径 4～400 mm，且数量较大。在微灌系统设计时，不同管材、不同规格需选用不同的管件。

二、喷灌与微灌设备的应用现状

(一)喷灌设备的应用现状

1. 喷灌设备的应用现状和发展特点

我国喷灌面积到 2002 年底已发展到 247.3 万 hm^2，占当年有效灌溉面积的 4.43%，约占全国节水灌溉面积的 13.27%，其发展特点如下：

(1)低压低能耗

目前许多国家致力于低压喷灌系统的研制开发，低能量精确灌溉是当前的代表，该技术利用大型喷灌机，通过喷嘴装置臂向下延伸到作物的管道将水供给作物，除喷灌机外，低能量精准灌溉系统还包括小射程大流量低压喷头、低压压力流量调节器等关键设备，采用低能量精准灌溉技术使水利用效率达到 88%～98%。

(2)开辟新能源利用

我国山东省新泰市风龙王设备有限公司研制生产的风力提水系统扬程为 10～40 m，流量 8～20 m^3/h。

水利部牧科所开发的风力提水灌溉系统，扬程最大可达 40 m，流量最大可达 10 m^3/h，太阳能提水灌溉系统扬程 15～30 m，流量 5 m^3/h。

(3)精准灌溉

完善成套的精准灌溉系统，包括信息采集系统(包括土壤、水分、养分、作物生理生态、地形等)、决策支持系统、灌溉执行及控制系统。

变量精准灌溉技术使目前国际上最先进的灌溉技术，可针对农田不同区域和作物种类，控制不同量的灌溉水、化肥和农药(除草剂)等，已进入生产实际应用。

2. 我国喷灌设备与国际的差距

(1)喷头

①水量分布　喷头结构和制造工艺对喷洒水分布影响很大。国际先进喷头的雨量分布接近三角形或梯形分布，而国产喷头(包括引进鲍尔技术生产的喷头)的水量分布呈现高—低—高—低趋势，造成水量分布不均匀。PY 系列喷头由于耐久性、可靠性及制造工艺、成本

等方面的原因，目前应用越来越少，ZY 系列喷头是目前农田喷灌的主流产品，有 1 型和 2 型两种型号，在此基础上又开发了 3 型喷头，但应用较少。

②耐久性　国际标准和我国国家标准规定喷头的累计纯工作时间不得少于 2 000 h，但对带换向机构的喷头，规定换向机构的耐久时间不得少于 1 000 h，从标准值本身而言，国内比国外已低了许多。实际应用中国外几个著名公司产品可达到规范要求，但国产喷头的实际耐久时间难以满足，有的带换向机构的喷头耐久时间不足 300 h，主要表现为：摇臂弹簧疲劳及锈蚀、摇臂断裂、旋转密封部分磨损、换向结构可靠性差。

(2)常见喷头的系列化

国际上喷头的系列化较高，以中压喷头为例(表 1-1)：

表 1-1　喷头系列化参数

喷头型号	流量范围/(m³/h)	射程范围/m	仰角范围/°
美国雨鸟	0.42～10.38	7.1～25.6	7、10、21、23、25、27
ZY	0.85～9.76	13.40～26.5	单一

由此可看出，我国早期开发的 PY 喷头的系列化程度相对较高，但由于其性能方面存在的不足，目前生产应用的较少，而目前常用的 ZY 系列喷头与雨鸟公司产品相比，小流量、小射程产品缺乏；喷头仰角单一，缺少低仰角系列。

(3)喷灌机组

目前我国使用最多的是轻小型喷灌机，中型喷灌机如绞盘式喷灌机的数量有所增加，大型机组多用于大型农场或草原灌溉。

①大型喷灌机组　大型喷灌机主要包括圆形、平移式和滚移式喷灌机，其中电动圆形喷灌机技术水平达到世界上同类机型 20 世纪 90 年代初期水平。国内同类产品的主要技术差距主要表现在制造精度差、电机减速器效率低、桁架和喷洒器的规格种类偏少等。

②中型喷灌机组　中型喷灌机主要包括绞盘式、双臂式、悬挂式远程喷灌机。我国绞盘式喷灌机目前已有近 10 种规格，整体上达到了国际 20 世纪 80 年代同类产品技术水平。主要差距是：品种、规格少；制造质量不稳定，特质 PE 软管性能不过关；水力驱动装置尚不成系列；调整装置精度偏低，影响了喷灌机的喷洒均匀性，与绞盘式喷灌机配套的水泵及动力也尚未形成系列。

据不完全统计，全国绞盘式喷灌机保有量有 3 000 余台，其中只有不足 40%是国内生产的，但由于技术及农业种植结构等方面的原因，无论国内外产品，有相当一部分处于闲置状态。

③轻小型喷灌机组　我国自主开发的适合山丘区和小系统灌溉的一种机型，配套动力 11 kW 以下，主要形式包括手提式、手抬式、手推车式、小型拖拉机悬挂式、小型绞盘式和钢索牵引式等。在 20 世纪 70 年代中期研制，以柴油机动力为主，其机型 20 多年来没有多大变化，“九五”期间，对自吸式喷灌泵进行了研究和改进，使喷灌泵效率提高到 63%以上，原中国排灌技术开发公司在引进日本汽油泵的基础上，开发了 29 kW 和 4.4 kW 汽油机组。但目前仍存在以下问题：配套的喷头已中高压单喷头为主，增加了系统性能，降低了灌溉水利用率；缺少适合中低压系统配套的喷灌泵；系统配套效率低，结构笨重。

3. 喷灌设备未来发展的重点

(1)新型高效喷头的研发

以低压、低仰角系列喷头及配套的压力调节装置等的开发,研究喷头设计理论。

(2)研发精准灌溉设备

研发变量控制灌溉理论及控制方法;研发变量灌溉控制设备(变量喷头、变量供水设备、压力调节器、肥或药变量供给设备、定位设备、控制设备)。

(3)研发新一代适合国情的轻小型低压喷灌机组

包括适合低压系统使用的高效喷灌泵、高效轻型机组配套技术、田间低压喷洒设备及运行管理技术等。

(4)清洁能源灌溉系统的开发完善

包括太阳能、风能的利用技术、与灌溉系统配套的设备及配套技术等。

(5)园林喷灌设备开发研制

以往的园林绿化工程,很多没有配套完整的灌溉系统,灌水时只能采用大水漫灌或人工洒水。难以控制灌水均匀度,不但造成水资源的浪费,而且往往由于不能及时灌水造成过量灌水或灌水不足。

园林喷灌要求水质和喷洒质量较为严格,特别是对高级观赏植物和高尔夫球场的草皮,要求喷灌均匀度较高,如有漏喷或喷洒过量。都会造成严重损失。并且草坪喷灌多数在夜间进行,其原因之一是白天喷灌蒸发损失大。一般夜晚喷灌时能比白天少消耗10%以上的水量;原因之二是有些草坪白天不允许喷洒,如高尔夫球场进行比赛、公园娱乐区进行文娱活动等。喷灌系统不能影响草坪的维护作业。草坪需要经常性的修剪、植保、施肥等,这些作业往往由机械完成。因此,园林喷灌需要选择特殊的设备。

(二)微灌设备的应用现状

1. 国内微灌技术发展现状

微灌溉技术比传统的灌溉技术能够明显节约用水和高效用水。目前,我国耕地面积为1.3亿hm^2,其中有效灌溉面积5 586.67万hm^2,占耕地面积的43%。据调查,截至2002年底,我国农业微灌灌溉面2/3的有效灌溉面积还在沿用传统落后的灌溉方法。在微灌灌溉面积中,采用现代先进微灌灌溉方式的微乎其微,绝大部分只是按低标准初步进行了节水改造,输水渠道的防渗衬砌率不到30%。因此,我国的微灌灌溉面积尤其是高效微灌灌溉面积都存在着巨大的发展空间和潜力。目前,全世界不到2%的水浇地开始使用这项技术。我国对精准灌溉技术的开发研制工作起步较晚,目前只有少数科研院所进行这方面的研究开发工作,研究还处于起步阶段,实际应用效果也不理想,因此,加速开发自己的、符合我国国情的精确灌溉系统及相关措施势在必行。

符合中国国情的微灌设备体系基本形成:微灌产品种类和系列基本配套,形成了灌水器、管材与管件、净化过滤设备、施肥设备、控制及安全装置5大类。全国共有滴灌管(带)生产线3 000余条,其中,边缝式滴灌带生产线2 800余条,扁平滴头生产线近100条,圆柱滴头生产线10余条,管上式滴头生产线2条。拥有甘肃大禹、新疆天业、北京绿源、河北国农等一批具有一定规模的微灌设备生产企业以及廊坊盛大、唐山致富等若干滴灌带生产线制造企业,达到了年配套2 000万亩以上的生产能力。虽然产品质量与以色列相比还有差距,但凭借产品价格低廉,一次性投资低等优势,占据了国内95%以上的农业微灌市场份额,国外公司已基本退出中国农业灌溉市场；甘肃大禹、新疆天业、北京绿源、河北国农等企业的部分产品还出口到亚洲、南美、非洲等地。

2. 微灌应用领域

西北地区：棉花、番茄、瓜果、啤酒花、温室蔬菜、红干椒、荒山绿化、荒漠化治理微灌，已成为我国应用微灌的主要领域，推广应用 2 400 万亩左右。

长江以南：甘蔗、香蕉、茶树、柑橘、花卉、苗木、药材和蔬菜微灌等。

华北东北地区：玉米、马铃薯、设施农业和果树滴灌得到了较大面积的推广。

3. 微灌近期发展趋势

近年来，由于微灌设备成本的降低、北方持续干旱，加之地方政府的推动，东北和华北部分地区大田作物滴灌发展迅猛，特别是内蒙古、吉林、辽宁等地计划或正在实施大规模滴灌工程建设。

4. 微灌技术标准体系日趋完善

已有与微灌技术相关的技术标准 37 部，其中行业标准 15 部，国家标准 22 部，工程技术类标准 3 部，基础术语类 2 部，管理类 4 部，产品类 28 部。由中华人民共和国住房和城乡建设部发布的国家标准《微灌工程技术规范》GB/T 50485—2009，自 2009 年 12 月 1 日起实施。有部分省区根据地方特色农作物编写喷微灌技术规程和规范。

5. 对我国微灌设备的总体评价

基本可满足各类用户的需要，与 20 世纪 90 年代以前相比，我国微灌设备质量得到了较大幅度的提高，但也存在不足，微灌设备等关键技术均受到各国企业专利保护而保密，与国际著名企业比较，我国微灌企业大部分是小型企业，对技术诀窍的研究缺乏人才和资金，创新能力严重不足，还基本处于仿制阶段。现阶段微灌技术与设备的研发以科研单位和高校为主，培育我国微灌行业的创新能力，完善质量监督和检测技术，是我国企业必须经过的一个过程。创新研发重点是低水头滴灌技术、地下滴灌技术、改进和完善过滤技术和设备技术性能、提高抗堵塞灌水器、配套自动控制设备、编制微灌管理信息系统和决策系统。

三、喷灌与微灌设备的研发趋势

(一)国外喷灌发展概况与趋势

1. 国外喷灌发展概况

最早的喷灌可以追溯到公元前 560 年巴比伦（现伊拉克）的空中花园，当时采用了称为人工降雨的自压喷灌。1900 年，作为一种现代灌溉技术，喷灌开始用于城市草坪的灌溉，以后又应用于苗圃和经济作物。20 世纪 20 年代，德国和意大利开始在农业上采用喷灌，美国也在加利福尼亚州的山坡果园中应用。悬吊孔管或安装固定喷头的高架管道成本昂贵，初期的喷灌都是采用铸铁管的固定系统。20 年代出现了旋转式喷头和喷灌车，30 年代研制成了双悬臂喷灌机。第二次世界大战后，高效喷头、轻质管道、快速接头的出现和改进，为喷灌发展提供了价格较低、性能可靠的设备，使喷灌可以用于不同地区和不同作物，并推动了移动管道式喷灌系统和半固定管道式喷灌系统的发展。端拖式（1948 年）、滚移式（1951 年）、中心支轴式（1955 年）、绞盘牵引式（1966 年）以及平移自走式（20 世纪 60 年代末）等大中型喷灌机也相继问世，从而使喷灌技术迅速发展并走向世界各地。

2. 国外喷灌发展的趋势

(1)喷灌设备与喷灌系统多样化发展

不同喷灌设备和喷灌系统具有各自的适用性，因此各国都根据本国的特点因地制宜地发展多种多样的喷灌设备和喷灌系统。美国大力推广中心支轴式喷灌机和平移式喷灌机，这两种喷灌机适合美国的农场现状，现也在其他很多国家得到应用。俄罗斯主要发展双悬臂式喷灌机，近年来，也从美国引进中心支轴式喷灌机和滚移式大型喷灌机。德国、法国、澳大利亚等国则重点发展绞盘式喷灌机。

(2)单机和系统控制面积不断扩大，机组适应能力不断提高

在扩大控制面积的同时，各国还在努力提高机组的适应能力，喷灌机组的爬坡能力由6%提高到30%，桁架结构也由过去的钢结构发展为铝合金结构，机架重量减轻约60%。

(3)尽力节省能源

由于世界能源危机，一些国家不得不放慢了喷灌发展的速度。根据美国内布拉斯加州调查，灌溉耗能占农业生产中耗能的43%，而喷灌耗能在灌溉耗能中占了大部分，因此喷灌要取得发展，必然要走节能的道路。目前，采用的节能措施主要有发展低压喷头和开辟新能源两项。

①发展低压喷头　据美国测算，将喷灌用的高压喷头换为工作压力为0.25 MPa的低压喷头，每喷出1 000 m^3 水能耗节省9.6美元。苏联研制的双悬臂式喷灌机，喷头工作压力仅为0.1 MPa。20世纪90年代后，各国生产的大型行喷式喷灌机几乎都改用了低压喷头。

目前，各国研制的低压喷头和喷滴灌结合的喷头达几百种，新研制的异型喷嘴(方形、长方形喷嘴)喷头在低压力时仍有较好的雨量分布，受到人们关注。

②开辟新能源　积极采用风能、沼气能、太阳能等新能源作为喷灌能源。美国、澳大利亚等都开始利用风能。美国大平原地区有1.2亿亩的灌溉面积，在20世纪末有1/2以上采用了风力泵灌溉。

③广泛采用轻质管道和塑料管道　为了减少材料消耗，减轻机组重量，降低劳动强度，提高工作效率和降低喷灌管道的投资，国外广泛使用轻质管道和塑料管道。

国内外大量使用的薄壁铝管，壁厚可做到1.0 mm，较薄壁钢管更为轻便。奥地利鲍尔公司生产的薄壁镀锌钢管壁厚仅为0.7 mm，最大工作压力为1.1～2.0 mPa，一般长度为一根6 m，管内外镀锌和采用快速接头，连接方便、迅速，使用寿命较长，适宜在喷灌系统中做移动支管。

塑料管道、管件和塑料喷头得到大量使用，在很多国家塑料管道的用量已经占总管道用量的2/3以上。由于大量使用价格低廉的塑料管道，很多发达国家的灌溉系统已经取消了渠道而全部采用管道输水，如以色列、法国、西班牙等国家，输水管网遍布全国，农户只需购买节水灌溉设备，与管网系统连接，压力水即可进入田间。

④采用自动化技术，提高喷洒质量　电子技术的发展和在喷灌系统中的应用，使得喷灌系统节省了大量劳力，提高了喷洒质量和生产效率，保证了机组运行的可靠性。喷灌系统采用的自动化技术一般有以下几种。

A. 自动启闭。对于固定式、半固定式喷灌系统或者按照预先排定的轮灌周期依次启动喷头，或者根据田间土壤水分信号，自动启闭喷头。

B. 同步控制和导向控制。对于中心支轴式喷灌机和平移式喷灌机，为保持各塔架之间

支管成一条直线，设有同步自动控制系统。对于平移式喷灌机，为保证中心塔架沿直线行走，设有激光或其他方式的自动导向系统。

C. 联合调度。对不同压力区、不同喷灌区或多台喷灌机组采用联合调度运行，实行自动化控制，以达到安全可靠、经济合理的目的。

D. 防霜冻。在喷灌系统中设防霜冻警报系统，当气温降低到某一限定值时，发出警报并自动开启喷灌系统。

为了提高喷洒质量，国外还采用了间歇喷灌、脉冲喷灌和细滴喷灌等新技术。

⑤发展综合利用。对喷灌设备进行综合利用，提高喷灌设备多功能的经济效益。例如，施化肥、农药和除草剂，防霜冻、防干热风，工业和运动场除尘，混凝土施工养护，工厂防暑降温，园艺花卉、草坪喷灌，城市喷泉等。

⑥重视喷灌基础理论的研究，注重多学科协作配合。开展喷灌基础理论的研究，为喷灌设备的水力性能和机械性能不断完善与提高打下了基础，为合理地进行喷灌系统规划设计提供了可靠的准则和依据。许多国家(如美国、俄罗斯、日本等)多年来一直重视基础理论研究，并取得了较大成果，如射流裂变原理、雨滴打击能量、管网水力特性、土壤入渗理论等。

(二)我国喷灌发展概况与趋势

1. 我国喷灌发展概况

我国早期的喷灌是 20 世纪 60 年代从苏联引进的。把喷灌作为一项灌水新技术，正规的试验研究和大量使用则是从 1973 年开始的。从 1973 年至今，我国的喷灌发展经历了 3 个阶段。

第一阶段是 1973—1983 年，喷灌开始在一些地区推广使用，同时开始进行喷灌科学研究。1977 年喷灌技术被列为全国 60 个重点推广的新技术之一，1978 年被正式列入国家农田水利建设计划，10 年内喷灌投资达十几亿元，建成了一批粮食和经济作物的大面积喷灌试点，喷灌面积达 800 万亩。喷灌科研也取得了许多进展，成立了农业节水的第一个科技信息网——喷灌情报网(后改为喷灌信息网)；1976 年，节水灌溉技术的第一个专业技术刊物——《喷灌技术》(现改为《节水灌溉》)开始发行；开始生产轻小型喷灌机组，引进生产了第一批摇臂式喷头，各种喷灌用管道开始研制和生产。但是这 10 年的发展也经历了较大的曲折，轻小型喷灌机组在这一时期发展迅速，但当时发展的轻小型喷灌机组质量差、保有率低，配套的喷头、管道质量也不过关，因此喷灌面积长期徘徊不前；另外，节水灌溉发展存在着认识上的较大差异，喷灌工程的规划设计和施工也没有统一标准，这些都影响了喷灌的进一步发展。

第二阶段是 1984—1995 年，主要是在巩固原有喷灌成果的基础上，统一认识、抓好试点、总结经验、探索模式、制定标准、稳步发展。1985 年颁布的《喷灌工程技术规范》(GBJ 85—85)是我国农田水利专业的第一个国家标准，它和以后颁布的《节水灌溉技术规范》(SL 207—98)、《微灌工程技术规范》(SL 103—95)等一系列标准和规范为指导我国节水灌溉以及喷灌事业的发展起了很大作用。经过了前 10 年的实践与探索，证明喷灌是解决我国农业缺水的一项革命性措施，发展喷灌势在必行等认识基本得到统一，克服了徘徊停顿的局面。从 1986 年起喷灌又开始较快发展，同时喷灌科研和机具设备的研制也取得了较大进展，能够自行生产满足喷灌要求的各种管道、管件，这些进展包括：引进薄壁金属管道生产线，特别是塑料管道的质量提高、规格标准化、管件齐全、价格低廉，使得塑料管道在节水灌溉包括喷灌中大量使用;引进和生产了各种类型的喷头,引进生产了中心支轴式、平移式等大型喷灌机组,这些为大规模发展喷灌提供了物质条件。

第三阶段是1996年至今,是喷灌理性发展的阶段,目前还处于这一阶段的持续过程中。随着农村生产责任制的推行,喷灌发展受到很大制约,喷灌的推广应用进入了理性发展阶段,其主要特点是由无序发展变为有序发展,由盲目发展变为因地制宜发展,由追求高起点发展变为追求高效益发展。这一阶段喷灌发展的一个重要特征是:喷灌已经不仅仅作为一种单独的灌水新技术来应用,而是和渠道防渗、低压管道输水灌溉、微灌等多种节水灌溉新技术,以及节水管理措施、节水农艺措施等其他技术和措施有机结合组成一个完整的农业节水系统。

2.我国喷灌发展趋势

按照我国节水灌溉的中长期发展规划,到2020年节水灌溉面积达8亿亩,其中喷灌面积1亿亩,占12.5%,喷灌所占的比重逐渐增加,发展的任务是很艰巨的,但已具备了一定的有利条件。

我国现已形成了一支数千人的喷灌技术骨干队伍,培养了几百名与喷灌技术有关的研究生和数万名操作管理人员,建立了几百家从事喷灌设计、施工的专业公司,制定了一系列与喷灌有关的技术标准,部分标准还在不断修订和完善中,这些都为喷灌的大规模发展创造了良好的技术条件。

在材料设备生产方面,我国也具备了一定的物质条件。我国先后开发了常用的喷灌产品和设备,如塑料管道、薄壁铝管、大型喷灌机组、轻小型喷灌机组等设备不但数量可以满足我国喷灌发展的需要,而且质量也有了较大的提高。

我国幅员辽阔,地形复杂,气候多变,土壤各异,作物多样,为喷灌的发展提供了有利的客观条件。根据统计,我国适宜发展喷灌的面积共达6亿亩。我国耕地66%以上是丘陵山坡地,坡耕地面积约4亿亩,这些土地无法采用传统地面灌溉解决灌溉问题。在山区,有很多地方可以修建水库、塘坝蓄水,发展自压喷灌。在半山区,可以采用轻小型机组和管道式喷灌。

我国经济作物的种植面积大(在3.5亿亩以上)、品种多。这些作物经济价值高,但大多种植在丘陵、山坡地上,实施地面灌溉很困难,采用喷灌后增产幅度大、收益快,因此也是发展喷灌的主要对象。

由上可以看出,我国发展喷灌的前景是广阔的、乐观的,要保证我国喷灌技术可持续健康发展,在今后的发展中应注意以下几个问题。

(1)认真做好喷灌的发展规划

喷灌发展规划是发展喷灌的宏观决策,也是进一步实施喷灌工程建设的前期工作。它不仅是一个技术问题,也是一个社会、经济、技术都要考虑的综合性问题。全国各地区喷灌发展极不平衡,应通过综合比较各种因素,全面分析,合理布局,确定全国和各省区发展喷灌的方向、规模、重点和步骤等。喷灌发展规划应纳入农业节水和节水灌溉的总体规划之中,应当和农村水利总体规划一致,不能片面强调喷灌的发展而忽略其他节水灌溉技术的发展。

(2)继续加大喷灌的投入

中央和地方各级政府应继续加大对喷灌的投入,同时制定相应的惠农政策和对喷灌产品生产的优惠政策,鼓励私人投资发展喷灌,把喷灌作为一项保证农业生产持续发展的基础产业抓实、抓好。

(3)积极稳妥地引进国外先进喷灌技术和设备，加快我国喷灌设备产业化

20 世纪 70 年代以来，我国从欧美等发达国家引进先进的喷灌技术设备，使我国的喷灌技术有了很大发展，喷灌产品设备水平有了很大提高。今后的重点是加速我国喷灌设备的产业化、规模化、标准化，为喷灌的持续发展提供数量充足、质量优良的喷灌机具设备。

(4)加强喷灌技术的科研和新产品研发

喷灌技术是一门综合农业、林业、水利、机械、环境等多学科的应用科学技术。我国的喷灌技术水平与先进国家相比还存在一定的差距，为保证喷灌的顺利发展，应当增加对喷灌科研的投入，重点解决以下喷灌科研课题：

①低耗能、可靠与耐久性强的大中型喷灌机组的研制与改进。

②更为轻便、可靠的适用于山丘地、零星土地、个体农户及配套集雨工程的轻小型喷灌机组的研制开发。

③节能高效、价格低廉的喷灌自动化设备的研制和适应多种条件的喷灌工程计算机设计软件的研究与开发。

④喷灌的综合利用，特别是应用于林业、养殖业、环境美化、生态保护等方面的研究与开发。

⑤喷灌灌溉制度的研究和喷灌条件下非充分灌溉制度的研究。

⑥喷灌与雨水、大气水、土壤水、地表水和地下水转换关系的研究。

(三)国外滴灌节水技术发展情况

滴灌的最初发展阶段是地下灌溉。1860 年在德国首次试验，那时的滴灌是与管道排水结合的灌溉，所用的管材是带阳接头的短瓦管，瓦管行距 5 m，埋在约 0.8 m 的地下，管上覆盖 0.3～0.5 m 厚的过滤层。这种灌溉方法使作物产量成倍增长。1920 年德国又创制了管道出流灌溉法，即利用一种有孔眼的管子，使水沿管道输送时，从孔眼流入土壤进行灌溉。1923 年以后，苏联、法国、美国相继进行了类似的试验。自 1935 年以后，着重试验各种不同材料制成的孔管系统进行灌溉。

第二次世界大战以后，随着塑料工业的发展，这些国家创造出廉价、可弯曲、便于打孔易于连接的塑料管。20 世纪 50 年代末期，以色列研制的长流道滴头成功，使滴灌系统在技术上有了显著的进展。到 60 年代滴灌系统已经发展成为一种新型的灌溉措施。现在，滴灌不仅是一种灌溉方法，而且也是一种现代化的农业技术措施。进入 70 年代以来，滴灌发展更为迅速，1971 年在以色列特拉维夫、1974 年在美国加利福尼亚圣地亚哥、1985 年在美国加利福尼亚州福兰斯诺、1988 年在匈牙利、1995 年在美国、2000 年在南非曾召开 6 次世界滴灌会议。滴灌系统在美国、澳大利亚、墨西哥、新西兰以及英国、法国、意大利、丹麦、德国等 50 多个国家和地区逐步得到推广应用。

(四)我国微灌发展概况与趋势

1. 我国微灌发展概况

自 1974 年由墨西哥政府赠送我国 3 套滴灌设备开始引进滴灌技术以来，大体经历了以下 5 个阶段：

第一阶段(1974—1980 年)：滴灌技术的引进与试点阶段。由墨西哥引进滴灌设备，分别安装在大寨、沙石峪、密云进行果树蔬菜和粮食作物试验研究。随后开始研制滴灌设备，

并在全国各省设立试点。1977 年，新疆农垦科学院在蔬菜、瓜果等园艺作物上开展了滴灌技术的试验研究，取得了显著节水增产效果，该成果 1983 年获兵团科技成果二等奖。1978 年在山东召开了第一次全国滴灌技术经验交流会，使我国滴灌事业有了一定的发展。在党和国家领导人的关心下经水电部正式立项，由中国水科院和辽宁省水科院会同沈阳市塑料 7 厂联合攻关，于 1980 年研制生产了我国第一代成套滴灌设备，通过了水电部技术鉴定，填补了我国没有滴灌设备产品的空白，从此我国有了自行设计生产的滴灌设备产品。

第二阶段(1981—1986 年)：设备产品改进和应用试验研究与扩大试点推广阶段。1983 年在河北唐山召开的滴灌科研成果评议会上，对中国水利水电科学研究院提出的燕山滴灌系统规划设计方法、大田作物移动滴灌试验研究、微管喷头的研制和应用、水阻管的研制和应用 4 项成果给予肯定。1985 年在河北省遵化市召开滴灌技术座谈会和全国首届滴灌技术交流会，中国华阳技术贸易(集团)公司于 1985 年邀请滴灌技术的发明公司——以色列耐特菲姆(Netafim)公司访华与我国滴灌科技人员交流，并促成我国于 1985 年 11 月派代表赴美国参加第三届国际滴灌会议，与国际滴灌行业的科技人员进行交流。由滴灌设备产品改进配套扩展到微喷灌设备产品的开发，微灌设备研制与生产；由一家发展到多家，微灌试验研究取得了丰硕成果，从应用试点发展到较大面积推广应用。

第三阶段(1987—1995 年)：直接引进国外的先进工艺技术，高起点开发研制微灌设备产品。国家轻工总局在“八五”和“九五”期间都把微灌作为攻关项目正式立项，加大了开发研制投资力度，使微灌设备产品质量和配套水平大幅度提高。“八五”期间微灌技术已被国家科委正式列为节能科技成果推广项目，我国的微灌技术已趋于成熟。

1986 年，国家科委将《滴灌配套设备系列开发》列入国家星火计划，促使滴技术向多部门、多学科、多层次的方向发展。1988 年 7 月，河北省科委受国家科委委托，对《滴灌成套设备》项目进行了成果鉴定，这标志着我国滴灌技术在设备制造、规划设计、运行管理等方面初步取得了一定经验。

1990 年初，国务院引进国外智力领导小组办公室邀请从事滴灌技术研究、设备制造和试验应用的以色列专家与我国水利部、农业部、轻工部等不同学科、不同领域的 85 名专家在河南省召开“引进微灌技术评议研究会”，会议提出了 20 世纪 90 年代我国滴灌发展的路子是立足本国，引进与研制相结合，发展滴灌设备制造技术。随后国务院经济贸易委员会批准中国灌溉排水发展公司和北京塑料制品厂与以色列的丹(Dan)公司和普托斯特(Plastro)公司于 1990 年 4 月 21 日签订了引进以色列微喷和滴灌关键工艺制造设备和技术的合同。

1991 年 4 月，中国科学院与以色列科学与人文科学院在北京共同主持召开“农业用水有效性研究会”，中以两国科学家围绕节水型农业这个中心议题进行了广泛交流和深入研讨。1993 年以色列政府向李鹏总理建议，在中国建立展示滴灌技术在现代化农业上应用的合作示范农场，并由双方农业部制订具体计划，1994 年北京市农场局在北京永乐店农场开始实施中以示范农场的建设。

1995 年，国务院在山西召开全国水利基本建设工作会议，对李鹏总理提出的“中国非搞节水农业不可”的指示有了新的认识。全国各省区相继掀起了发展节水灌溉的高潮。原北京市塑料制品厂和山东莱芜塑料制品总厂承担的国家重点科技攻关项目“农业节水灌溉器材——滴灌和微灌设备开发研究”通过了中国轻工总会的鉴定验收。北京通捷机电公司研制出离心式和筛网式过滤器系列产品，我国第一家生产微灌设备的沈阳市塑料七厂在微灌设备方面有了新产品专利。

微灌生产企业已发展到了30多家。在水利部有关部门的组织领导下制定了微灌产品和微灌工程技术规范行业标准，使微灌工程建设与运行管理逐步走向规范，为我国稳步健康发展微灌技术提供了设备技术和质量保证。

第四阶段(1996—2000年)：滴灌技术突破与创新发展阶段

1996年初，中央农村工作会议指出："九五"期间要建设300个节水增产重点县，以点带面，推动全国节水灌溉的普及。国家每年安排50亿元左右贷款，由中央和地方财政贴息，专门用于支持发展节水灌溉、打井、山区开发和种子工程建设。同年，江泽民总书记指出："各级领导同志都要有一种强烈的意识，就是十分重视节约用地、节约用水。这两件事涉及农业的根本、人类生存的根本，在我国尤其意义重大。"

1996—1997年，新疆兵团农八师率先在盐碱地上开展了大田膜下滴灌技术的效果对比试验，节水50%，增产20%，中低产田增产达35%，增收节支效果明显。实践证明，膜下滴灌是西部大开发中节水领域的一项重大突破，将引发一场农业革命，是西部旱区节水灌溉的一项可控制性、基础性、战略性关键技术，值得在旱区、半旱区全面推广，还可在非旱区适宜领域推广。

1998—2000年，兵团科委、水利局组织新疆农垦科学院、石河子大学、农八师和农一师等产学研单位的80多位科技人员开展了连续3年跨垦区、跨行业的联合攻关，并在大田棉花上示范推广18万亩，取得了非常有价值和实用的科研成果。为大田膜下滴灌技术的大面积推广应用提供了有力的技术支撑。

1998年底，新疆天业股份有限公司在引进国外滴灌设备的基础上，经过消化吸收和改进，生产出"天业牌"单翼迷宫式薄壁滴灌带(一次性)，市场价只有0.3元/m。使原来滴灌棉田的首次投资(1 068元/亩)下降了一半(550元/亩)，1999年开始投入大田滴灌使用，为滴灌技术在大田作物大规模推广应用创造了条件。

2000年，第二代"天业牌"滴灌带进一步降低价格，以0.2元/m的价格使大田滴灌的首次投入降为450～470元/亩；同时，兵团为了推广该技术，每亩给予一定的材料补贴，推动了大田膜下滴灌面积的快速发展。

第五阶段(2001年至今)：大田滴灌技术的大面积推广阶段

2001年，新疆兵团在"十五"期间建设400万亩现代化灌溉工程正式启动，当年应用大田滴灌面积达78.6万亩，标志着新疆兵团大田膜下滴灌技术进入大面积推广发展阶段。

2002—2012年，兵团大田滴灌面积以每年100万亩左右的速度增加，滴灌的首次投入降低到350～400元，应用作物也从棉花发展到加工番茄、线辣椒、打瓜、马铃薯、甜菜、大豆、油葵、油菜、小麦、玉米和旱稻等作物。目前兵团滴灌面积已发展到1 200多万亩。新疆地方近年来发展速度也很快，每年以200万～300万亩的速度增加。

近年来，随着新疆兵团大田滴灌技术在小麦、玉米等粮食作物上的成功应用，再加上北方气候持续干旱，国家政策和资金支持，滴灌成本进一步降低，内地的甘肃、内蒙古、黑龙江、辽宁、吉林、河北、宁夏和青海等省(自治区)的大田滴灌面积发展迅猛。

滴灌节水技术是诸多先进农业技术之一，它代表着一项革命性的措施，它是传统农业迈向现代农业的一项重大转折，是农业科技革命的里程碑，对实施农业可持续发展战略具有重大的现实意义和长远的历史意义。

通过近多年各界的不懈努力，我国的微灌技术有了长足的发展，在学习国外先进的经验的基础上，我国相继开发出了低压管道灌溉、滴灌、微喷灌、膜下灌等节水灌溉技术及配套设备，同时还引进了一些具有世界先进水平的滴灌、微喷灌、渗灌的生产技术及设备，目前可生产单翼迷宫式滴灌带、内镶式滴灌带和压力补偿式滴灌管等多种产品，各种微灌节水器材的价格均低于国外同类产品的价格水平，节水灌溉设备技术水平在不断地提高，正沿着适用、先进、成套、可靠的方向发展。

2.我国微灌技术发展趋势

根据中国自然、经济条件，当前和今后一段时期内我们要努力研究开发"适用、成套、可靠、高效"的节水灌溉设备，努力实现按照农作物的需水要求进行灌溉，力求改变过去浇地的传统习惯，把浇地变为浇作物，切实提高农田灌溉水利用系数；用先进的喷灌、微灌技术和设备取代传统落后技术的简易节水灌溉方式，把水的控制和利用真正建立在科学基础上，借鉴国外先进经验，制定发展区域节水灌溉规划。

随着世界能源紧张局势的加剧，中国未来农业节水重点应重视发展管道输水；防渗渠道虽可减少或避免渗漏损失，但将逐步被管道化所取代；滴灌这种新型节水技术与地面滴灌相比，显示着广阔的发展前景。近年来世界各国节能灌溉应用面积高速增长，大幅降低节水灌溉设备造价和工程项目投资，促进加快了中国节水灌溉发展。压力补偿式灌水器是微灌和滴灌的发展方向，未来发展的主要趋势将是提高节水灌溉设备的机械化和自动化水平。

第二章　水源工程及首部枢纽

第一节　水源工程

一、沉淀池

(一)沉淀池的作用

灌溉系统中,水库、塘坝是很好的泥沙澄清设施,有时沉沙池或集水蓄水池比其他过滤器更重要,原因是:

(1)它可以作为流量调节设施。在灌溉系统中,流量调节设施有非常重要的作用。

①稳定灌溉系统设计流量　以井水为水源的灌溉系统,因井水位的下降,水泵流量将会改变;由于供水干管的水压变化或渠道水位的变化,灌溉系统流量将会改变。

②调节滴灌系统流量　当水源供水流量保持不变,滴灌系统所要求的流量变化时,不同时间,灌溉的面积不同;过滤器在反冲洗期间,滴灌系统的滴头及反冲洗均需要足够的水量。

③储水　作为作物非高峰需水期时的蓄水水库。灌溉者可以在水泵工作的非高峰期将水抽入池中储存。

(2)可以作为使铁、锰元素氧化沉淀的曝气池。

(3)可作为沉淀池,将水中的悬浮物除去。

(4)排除水中空气。如果井水中含有空气(当井水位下降到接近水泵的进水口时,空气会进入),水被抽入水池后,空气会除去。

(5)可除去水面的浮油,或使微灌系统水泵的进水口定位于水面以下。油或润滑油等污染物会迅速堵塞任何过滤器。筛网需要用溶剂清洗,砂石介质过滤器通常需要完全更换,解决污染问题的最终解决办法通常是在源头就将油除去。

(二)沉淀池的类型

灌溉系统中,利用地表水作水源的系统很多,一般来说,水中泥沙含量大,尤其是灌溉季节通常为河流汛期,挟带的泥沙多、粒径大,所以这些灌溉系统都设有沉淀池。SL 103—95《微灌工程技术规范》规定"灌溉水中有机物含量大于 100 mg/kg,或粒径大于 500 μm 时,应使用沉淀池或旋流水沙分离器做初级处理"。常用的灌溉系统沉淀池分为平流沉淀池和重力沉淀过滤池。

1. 平流沉淀池

在满足沉沙速度和沉沙面积的前提下，一般应建窄长形沉淀池，这种形状的沉淀池比方形沉淀池的沉沙效果好。见图 2-1。

图 2-1 沉淀池

沉淀池一般由进水区、沉淀区和出水区 3 部分组成。

①进水区包括输水渠道和沉淀池的连接段，其作用是使水流均匀地分布在整个进水截面上并尽量减少扰动。

②沉淀区是沉淀池的主体部分，水中泥沙在该区沉淀。沉淀池的长度取决于水的流速和水在池中的停留时间；沉淀区的宽度取决于流量、有效水深和水流速度；沉淀区深度为沉淀区有效水深、存泥设计深度和安全超高三者之和。沉淀区有效水深一般应大于 1.0 m，存泥设计深度按公式计算，安全超高在 0.25 m 左右。沉淀区长、宽、深之间相互关联，应综合研究决定，还应核算表面负荷率。此外，在沉淀区末端应设置过水多孔墙，以便将水流均匀分布于整个截面上。过水多孔墙过流率一般应小于 500 $m^3/(m \cdot d)$。孔口流速不宜大于 0.15～0.20 m/s。为保证多孔墙的强度，孔口总面积不宜过大。孔口断面形状宜沿水流方向逐渐扩大，以减弱出口的射流。拦污栅应设置在多孔墙上游侧。地形条件许可时要设置排沙孔以便排除泥沙。

③出水区指收集沉淀区来水的区域。为使沉淀后的水在出水区均匀流出，一般采用溢流堰溢流方式，溢流流量可适当高于 500 $m^3/(m \cdot d)$。

2. 重力沉淀过滤池

重力沉淀过滤池是用以沉降挟沙水流中泥沙颗粒大于设计沉降粒径的泥沙，并通过不锈钢滤网处理泥沙、漂浮物、浮游生物等杂物的沉淀池。按水流由沉沙池向过滤池溢流的方向分为双向内斜跨式沉沙过滤池、双向外斜跨式沉沙过滤池、单向斜跨式沉沙过滤池。按适应不同的地形条件，分为大首部沉淀过滤池和小首部沉淀过滤池。

斜跨式沉沙过滤池都是由上游连接段、沉沙池、过滤池（包括集污槽、清水池）、下游连接段、排沙、排水廊道等部分组成。上游连接段是使水流均匀扩散至沉沙池工作段，工作段用于沉降泥沙、过滤泥沙和漂浮物等杂物的主要池段，包括沉沙池工作段和过滤池工作段。集污槽收集从滤网表层冲下来的泥沙、漂浮物等杂物。清水池收集被过滤后的水并蓄积的构筑物。

①大首部沉淀过滤池：包括双向内、外斜跨式沉沙过滤池（图 2-2）。可以利用自然地形纵坡条件，通过管道集中输水，实现河水自压灌溉。控制灌溉面积大，可同时给灌区多个独立的田间滴灌系统供水。采用工程设施，集中处理河水中的泥沙、浮游生物等杂物。

a. 双向内斜跨式沉沙过滤池

b. 双向外斜跨式沉沙过滤池

图 2-2　沉沙过滤池

②小首部沉淀过滤池：一般指单向斜跨式沉沙过滤池（图 2-3）。沉沙过滤池设在田间滴灌系统附近，控制灌溉面积小，地形坡度小，给单个田间滴灌系统供水。

图 2-3　单向斜跨式沉沙过滤池

二、高位重力供水

当水源水位不能满足自压输水要求时，要利用水泵加压将水输送到所需要的高度或蓄水池（图 2-4）中，通过分水口或管道输水至田间。当水源较高时，可利用地形落差所提供的水头作为管道输水所需要的工作压力。靠水的重力使水在管路内流动实现供水。优点是供水稳定性好，管线一般不会产生震动、噪声小；缺点是蓄水池底部必须高于用水设备（一般最少要有 10～20 m 的水头）。

当水源位于高处时首先应考虑自压灌溉系统，因为它运行费用低节约能源。自压灌溉系统和加压灌溉系统在设计理念上是完全不同的：在设计自压灌溉系统时，应尽量利用自然水头所产生的压力以减小输配水管网管径降低系统造价。

图 2-4 高位蓄水池

第二节 水泵及变频调速恒压系统

一、水泵及其动力机

(一)水泵类型

水泵将灌溉水从水源点抽水加压、输送到管网系统。喷灌与微灌系统常用的水泵有潜水泵和离心泵。当水源为机井时,一般选用潜水泵。当水源为河水、湖泊水、水库水、渠水等地表水时,一般选用离心泵。如图 2-5 所示。

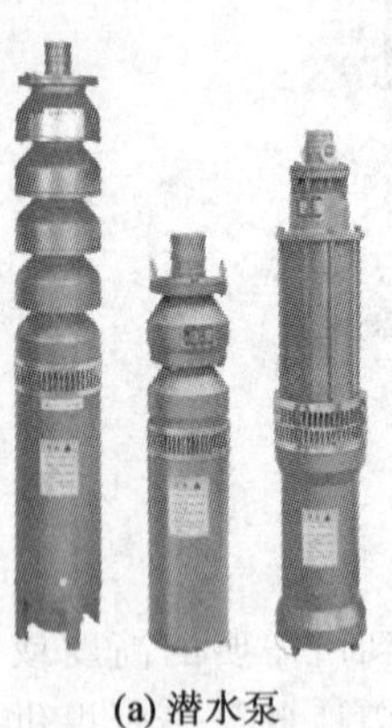

(a) 潜水泵

(b) 卧式离心泵

(c) 立式离心泵

图 2-5 水泵外形图

(二)动力机

在有电力供应的地方常用电动机作为水泵的动力机。在用电困难的地方可用柴油机、手扶拖拉机或太阳能等作为动力机与水泵配套。如图 2-6 所示。

(a) 电动机

(b) 柴油机

(c) 手扶拖拉机

(b) 太阳能

图 2-6　动力机外形图

二、潜水泵

灌溉系统常用的潜水泵是井用清水 QJ 型潜水泵，它是一种将立式电动机和水泵安装在一起，并全部潜入水中抽水的提水机具。由潜水泵、潜水电机、输水管、防水电缆和启动保护装置等组成。如图 2-7 所示。潜水泵规格型号见附录一。

三、离心泵

离心泵由于结果简单，使用维修方便，适用范围广，所以广泛用于农田灌溉、工业和生活供水。根据其转轴的立卧，可分为卧式离心泵和立式离心泵；根据轴上叶轮数目多少可分为单级和多级两类；根据水流进入叶轮的方式不同，又分为单吸式和双吸式两种。灌溉系统常用的输水温度不高于 80℃清水的 IS 型单级单吸清水离心泵（图 2-8），IS 型离心泵又分电机与泵不同轴的非直联式离心泵和电机与泵同轴的直联式离心泵。非直联式离心泵价格便宜，检修方便，但需要定时保养。直联式离心泵使用方便，不宜损坏，但价格较高。离心泵规格型号及主要技术参数见附录二。

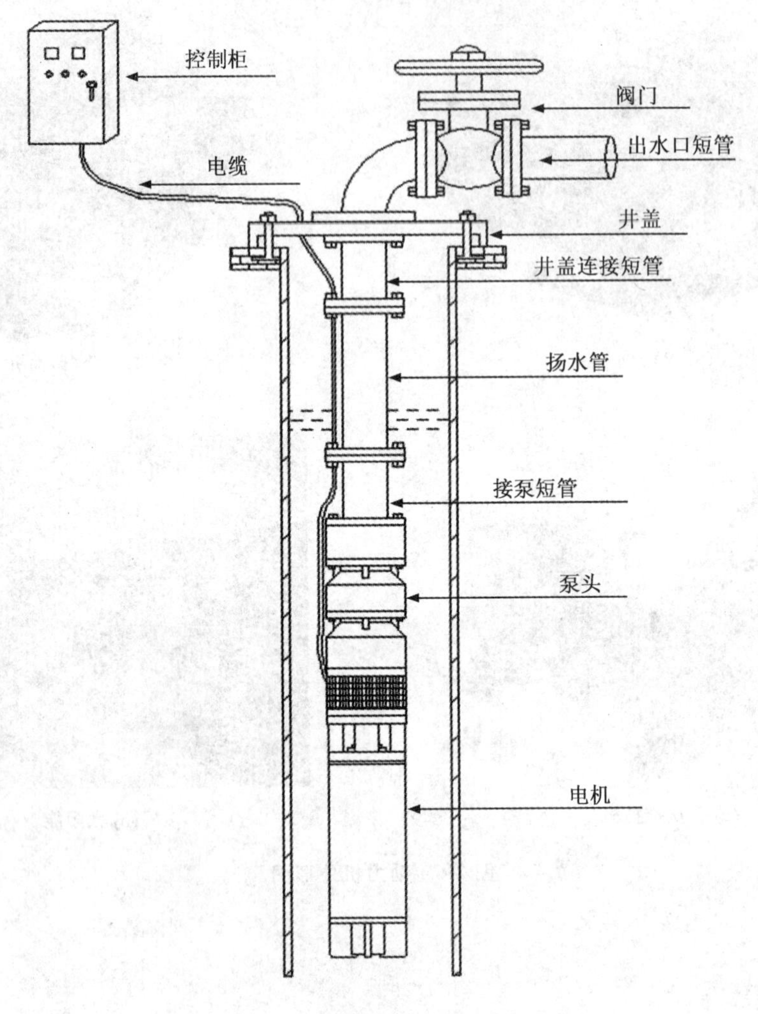

图 2-7　潜水泵的组成部分

(a) 单级单吸非直联式离心泵

(b) 单级单吸直联卧式离心泵

图 2-8　单吸单级离心泵

四、管道泵

图 2-9 管道泵

管道泵(图 2-9)是单吸单级或多级离心泵的一种,属立式结构,因其进出口在同一直线上,且进出口口径相同,仿似一段管道,安装在管道的任何位置故取名为管道泵(又名增压泵),可像阀门一样安装于管路之中,外形紧凑美观,占地面积小,建筑投入低。

五、变频调速恒压供水系统

变频调速恒压供水系统是一种先进的节能恒压供水系统(图 2-10),它是由水泵机组、压力传感系统、变频器、微机控制器及水管网线等组成。因为同一台水泵在不同转速下可以产生不同的压力;而带动水泵转动的电动机的转速是由电源的频率决定的,所以改变电源频率就可以改变一台水泵的供水流量和压力。变频调速恒压供水系统就是根据供水管网流量的变化,由计算机按照设定的压力等要求,依靠设定的程序自动调节水泵的运作速度、启动、停止,保证管网供水压力恒定。该系统具有省电节能、占地小、供水系统压力稳定、保证灌溉管网系统安全等优点,大大提高了灌溉系统的灌溉制度变化的灵活性。变频电源控制系统投资和维护技术水平要求较高,增加了灌溉系统的投入。

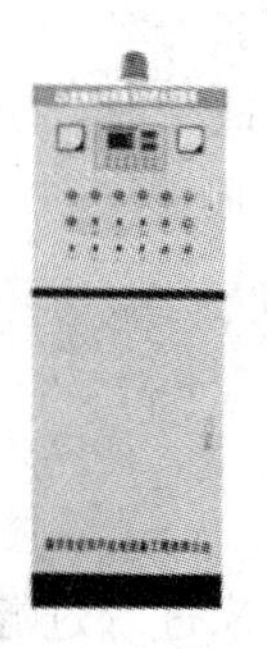

图 2-10 变频调速恒压供水系统

在小流量用水的情况下,变频调速恒压供水系统有时还与气压水罐联合使用,可以避免小流量供水造成水泵低速长时间运行,减少能耗,延长设备使用寿命。在大流量用水的情况下,变频调速恒压供水系统常常与多台水泵并联使用,变频调速恒压供水系统起调节作用,可以降低整体设备投资成本。

(一)系统工作原理

设备投入运行前,首先应设定设备的工作压力等相关运行参数,设备运行时,由压力传感器连续采集供水管网中的水压及水压变化率信号,并将其转换为电信号传送至变频控制系统,控制系统将反馈回来的信号与设定压力进行比较和运算,如果实际压力比设定压力低,则发出指令控制水泵加速运行,如果实际压力比设定压力高,则控制水泵减速运行,当达到设定压力时,水泵就维持在该运行频率上。如果变频水泵达到了额定转速(频率),经过一定时间的判断后，如果管网压力仍低于设定压力，则控制系统会将该水泵切换至工频运行，并变频启动下一台水泵，直至管网压力达到设定压力；反之，如果系统用水量减少，则系统指令水泵减速运行，当降低到水泵的有效转速后，则正在运行的水泵中最先启动的水泵停止运行，即减少水泵的运行台数，直至管网压力恒定在设定压力范围内。主泵停止工作，副泵进行供水也为变频恒压供水方式，进一步提高了工作效率，节约了能源。

(二)系统特点

①高效节能。按需要设定供水压力，根据管网用水量来变频调节水泵转速，使水泵始终在高效率工况下运行，同普通的无塔供水设备相比，节能效果达20%。

②对电网冲击小，保护功能完善。消除了水泵电机直接启动时对电网的冲击和干扰，并且设备控制系统具有短路、过流、过压、过载、欠压、过热等多种保护功能，大大提高了工作效率，延长了水泵的使用寿命。

③人机界面触摸面板操作，设定参数灵活方便。可灵活设定频率下限、加速时间、减速时间、换泵时间等各种工作参数，能够显示系统运行时间，查阅各种故障原因。

④定时唤醒功能。由于系统是根据管网用水量的多少来决定投入运行水泵的台数，所以当用水量长期在某一小范围内变化时就会使得某台水泵长期运行而磨损严重，而其他水泵长期不使用造成生锈，设定本功能后则可方便的解决该问题。对于同流量的多台水泵，为使各泵平均工作时间相同，须设置定时换泵功能。在设定了定时换泵功能后，当一台变量泵连续工作时间超过设定值后，且有变量泵处于"休息"状态，则变频器自动切换启动"休息"时间最长的变量泵，并停止原变量泵，以保证各台水泵运行时间均匀等，延长水泵使用寿命。换泵时间可任意设定。

⑤当变频器发生故障时，能够自动转换至工频运行，确保供水不间断。突然停电后再来电，设备能够自动启动运行。

第三节 过滤设备

过滤设备是指用来进行过滤的机械设备或者装置。在微灌系统中，灌水器是完成灌水任务中最末级的关键设备，被称为微灌系统中的心脏。灌水器很容易被灌溉水中的砂粒、黏土粒、藻类、微生物、细菌团和各种化学絮凝物等悬浮颗粒所堵塞，造成灌水不均匀，因此，微灌技术要求灌溉水中不含造成灌水器堵塞的污物和杂质，而实际上任何水源，如湖泊、库塘、河流和沟溪水中，都有不同程度含有污物和杂质，即使是水质良好的井水，也会含有一定数量的砂粒和可能产生化学沉淀的物质。因此，对灌溉水进行严格的过滤是微灌工程中首要的步骤，是保证微灌系统正常运行、延长灌水器使用寿命和保证灌水质量的关键措施。

一、过滤设备的特性和分类

微灌系统中对杂质的处理设备与设施主要有：拦污栅(筛、网)、沉沙池、过滤器等。常用的过滤器从制造材料分为钢制过滤器和塑料过滤器两大类；从过滤器结构原理分为离心过滤器、砂石过滤器、滤网过滤器和叠片式过滤器；从过滤器控制方式分为自动控制过滤器和手动控制过滤器;从过滤器组合形式分为组合型过滤器和大型完整的过滤站等。生产实践中,在选配过滤设备时,主要根据灌溉水源的类型、水中污物种类、杂质含量等,同时考虑所采用的灌水器的种类、型号及流道端面大小等来综合确定。

二、旋流水砂分离器(离心过滤器)

离心式过滤器又称水力旋流过滤器或旋流式水砂分离器(图 2-11)或涡流式过滤器,常见的形式有圆柱形和圆锥形两种。结构简单是离心式过滤器的一大特征,也是它能够得以迅速推广应用的重要原因之一。

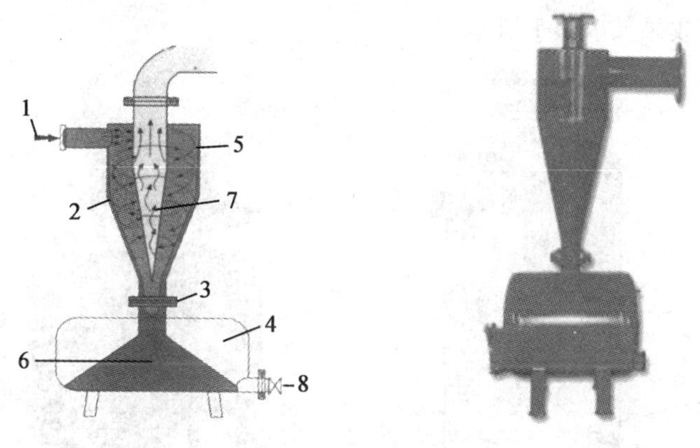

1.进水口　2.不锈钢外壳　3.与集砂罐连接法兰　4.集砂罐
5.旋转水流　6.罐中沉积泥砂　7.流出水流　8.排砂阀

图 2-11　旋流式水砂分离器

离心式过滤器一般用在井水微灌系统,一般配置有两种情况:第一种配置:井水+潜水泵+离心过滤器+网式(叠片)过滤器+施肥罐组成;第二种配置:井水+潜水泵+离心过滤器+全自动网式(叠片)过滤器+施肥罐组成。

离心式过滤器一般由进水口、出水口、旋涡室、分离室、储污罐和排污阀等部分组成。其工作原理是:当压力水流由进水口以切线方向进入旋涡室后做旋转运动,使水流高速进入分离室,在分离室内水流在离心力和重力的双重作用下,水中比重较大的泥沙颗粒被抛向分离室壁并逐渐向下沉淀汇集到储污罐中;旋涡中心的水流速度比较低而位能比较高,旋涡中心较清洁的水上升并通过分离器顶部的出水口进入灌溉管道。

离心式过滤器能连续过滤高含砂量的灌溉水,其缺点是不能除去比重较水轻的有机质等杂物,水泵启动和停机时过滤效果下降,水头损失也较大。当滴灌水源中含砂量较大时,水砂分离器一般作为初级过滤器与筛网过滤器或叠片式过滤器配套使用。

离心式过滤器使用要求:①离心式过滤器集砂罐设有排砂口,工作时要经常检查集砂罐,定期排砂。以避免罐中砂量太多,使离心过滤器不能正常工作。②过滤系统不能正常工作时,水泵停机,关闭闸阀,清洗集砂罐。③进入冬季,为防止整个系统冻裂,要打开所有阀门,把水排干净。

三、砂石过滤器

砂石过滤器是介质过滤器之一，具有较强的截获污物的能力，适合深井水过滤、农用水处理、各种水处理工艺前道预处理等，可用于工厂、农村、宾馆、学校、园艺场、水厂等各种场所。砂石过滤器的介质采用一层或数层不同粒径的砂子和砾石作为过滤介质，有单罐（图2-12）和多罐之分。过滤原理是含有杂质的水由管道进入过滤器中，由上而下通过介质层渗漏流过，杂质被砂床及滤头阻挡，清水由下部流出，即完成过滤。微灌系统一般采用石英砂或花岗岩碎砂为过滤介质，过滤砂型号根据灌水器对水质的要求及灌溉水质合理选取，不同型号过滤砂的过滤效果如表2-1所示。

1.进水口　2.出水口　3.过滤器壳体　4.过滤器单元　5.过滤介质

图2-12　单罐砂石过滤器

表2-1　同型号过滤砂的过滤效果

过滤砂型号	有效粒径/mm	不均匀系数	砂质种类	相应过滤效果/(目/cm²)	消除能力/μm
NO.8	1.5	1.47	花岗岩砂	16～22	>125
NO.11	0.78	1.54	花岗岩砂	22～31	>74
NO.16	0.68	1.51	石英砂	22～31	>74
NO.20	0.48	1.42	石英砂	31～39	>50

注：①有效粒径指10%的砂样通过筛孔的粒径值，即φ10；

②不均匀系数指60%的砂样通过筛孔时的粒径与有效粒径之比，即φ60/φ10。

砂石过滤器一般用于杂质比较多的地表水，可以单独使用，也可以组合使用，根据水中不同的杂质，通常有3种组合配置：第一种配置：渠水＋沉淀池＋离心泵＋砂石过滤器＋网式（叠片）过滤器＋施肥罐（施肥箱）组成；第二种配置：渠水＋沉淀池＋离心泵＋全自动砂石过滤器＋自动化网式（叠片）过滤器＋施肥罐（施肥箱）组成；第三种配置：渠水＋沉淀池＋离心泵＋大流量自清洗过滤器＋施肥罐（施肥箱）组成。

砂石过滤器的过滤能力取决于设计流量比和砂床的表面积。设计流量比定义为单位砂床面积通过的流量。砂石过滤器的流量比一般在 0.01～0.02 $(m^3/s)/m^2$，对于一般灌溉水质的水源，可选用流量比为 0.017 $(m^3/s)/m^2$ 的砂石过滤器。

砂石过滤器大部分是立式的，通常至少要使用 2 个砂石过滤罐，在有 2 个砂石过滤罐组成的系统中，一个过滤罐进入 1/2 的水流；在有 3 个过滤罐组成的系统中，一个过滤罐进入 1/3 的水流。一次只能有一个过滤罐进行反冲洗，它使用的水是其他砂石过滤罐过滤出来的清水。典型的过滤罐直径为 30～120 cm，当水流流量很大时，要并排安装许多直径为 122 cm 的砂石过滤罐。

砂石过滤器是滴灌水源很脏情况下，使用最多的过滤器，它滤除有机质的效果很好。砂石介质的厚度提供了三维滤网的效果，比滤网滤除杂质的容量大得多。主要缺点是价格较贵、对管理的要求较高，不能滤除淤泥和极细土粒。一般用于水库、明渠、池塘、河道、排水渠及其他含污物水源作初级过滤器使用。

随着节水灌溉技术的发展，目前，市场上有各种自动砂石过滤器，其内部设有独特的布水器和集水器，拥有独特的双向自动冲洗阀，可实现在正常系统运行中多个砂石过滤器腔体逐个单独反冲洗，全自动程序控制。具有反冲洗用水量小，设备安装方便，易于操作等优点。该设备流量大，无须维护。根据不同的用户要求，有立式和卧式两个系列。

四、筛网过滤器

筛网过滤器结构简单，一般由承压外壳和缠有滤网的内芯构成(图 2-13)。外壳和内芯等部件要求用耐压耐腐蚀的金属或塑料制造，如果用一般金属制造，一定要进行防腐防锈处理。滤网用尼龙丝、不锈钢或含磷紫铜(可抑制藻类生长)制作，但滴灌系统的主过滤器应当用不锈钢制作。此外，结构上必须装卸简单，冲洗容易，密封性良好。

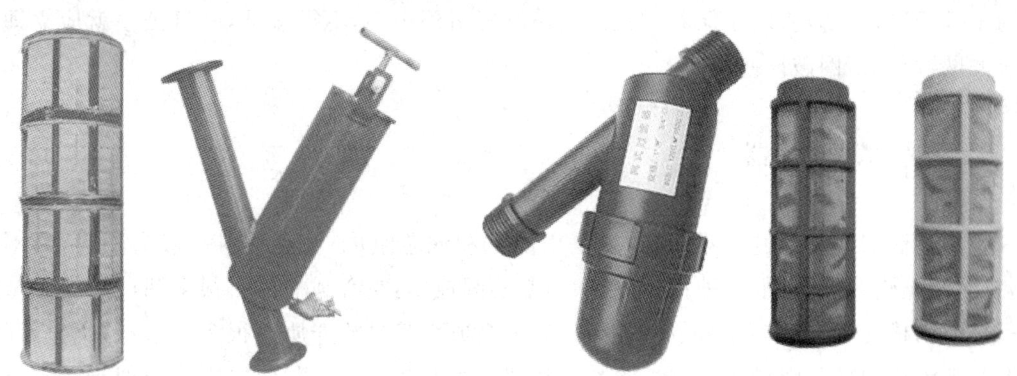

图 2-13　筛网过滤器

筛网过滤器的种类繁多。按安装方式有立式和卧式之分；按制造材料有塑料和金属之分；按清洗方式有人工清洗和自动清洗两类；按封闭与否分类则有封闭式和开敞式(又称自流或重力式)两种。

筛网过滤器工作原理。当水中悬浮的颗粒尺寸大于过滤网上孔的尺寸时，就会被拦截，但当网上积聚了一定期量的污物时，过滤器进出口间压力差会增大，当进出口压力差超过原压差 0.02 MPa 时，就应对网芯进行清洗。

筛网孔径大小(即网目数)应根据灌水器流道尺寸而定。一般要求所选用过滤器的滤网孔径为所使用灌水器流道最小孔径的 1/10～1/7。滤网的目数与孔径尺寸之间的关系见表 2-2：

表 2-2　滤网规格与孔径大小对应关系表

滤网规格		孔径尺寸		土粒类别	粒径 /mm
目/in	目/cm^2	mm	μm		
20	8	0.711	711	粗砂	0.50～0.75
40	16	0.420	420	中砂	0.25～0.40
80	32	0.180	180	细砂	0.15～0.20
100	40	0.152	152	细砂	0.15～0.20
120	48	0.125	125	细砂	0.10～0.15
150	60	0.105	105	极细砂	0.10～0.15
200	80	0.074	74	极细砂	<0.10
250	100	0.053	53	极细砂	<0.10
300	120	0.044	44	粉砂	<0.10

滤网过滤器能很好地清除滴灌水源中的极细砂粒；灌溉水源比较清时使用它非常有效。但是当藻类或有机污物较多时，容易被堵死，需要经常清洗。清洗时先将网芯抽出清洗，两端保护密封圈用清水冲洗，也可用软毛刷刷净，但不可用硬物，由排污口排出。过滤器的网芯为不锈钢网，很薄，所以在保养、保存、运输时要格外小心，不得碰破，一旦破损就应立即更换过滤网，严禁筛网破损使用。

五、叠片(式)过滤器

叠片过滤器和其他过滤器一样，也是由滤壳和滤芯组成；滤壳材料一般为塑料，或不锈钢，或涂塑碳钢，形状有很多种；滤芯形状为空心圆柱体，空心圆柱体由很多两面注有微米级正三角形沟槽的环形塑料片组装在中心骨架上组成。其过滤介质由很多个可压紧和松开的带有微细流道的环状塑料片组成。压紧环状塑料片时其复合内截面提供了类似于在砂石过滤器介质中产生的三维的、彻底地过滤。需要冲洗时打开回流阀松开环状塑料片即可。环状塑料片实际上是不会损坏的，叠片式过滤器可提供高水平的过滤而无杂质泄漏进入灌溉管网的危险，过滤精度远高于筛网过滤器，因此有很高的效率。叠片式过滤器技术规格见表 2-3：

表 2-3　叠片式过滤器叠片技术规格

叠片颜色	滤芯目数	过滤砂径	
		μm	mm
白色	18	800	0.8
蓝色	40	400	0.4
黄色	80	200	0.2
红色	120	130	0.13
黑色	140	115	0.12
绿色	200	75	0.08
灰色	600	25	0.025

叠片式过滤器具有小巧、可随意组装、冲洗方便、安全可靠的特点。叠片式过滤器有自动和手动两种冲洗方式，初级过滤和终级过滤均可使用(图 2-14)。

图 2-14　叠片式过滤器

全自动叠片过滤器自带电子控制装置，可使用时间间隔和压力差控制反冲洗的所有步骤。一旦设定完毕，即可长期使用。自动反冲洗过滤器在不中断工作的情况下在数秒内完成整个自动反冲洗过程。由设定的时间或压差信号自动启动反洗，反洗阀门改变过滤单元中水流方向，过滤芯上弹簧被水压顶开，所有盘片及盘片之间的小孔隙被松开。位于过滤芯中央的喷嘴沿切线方向喷水，使盘片旋转，在水流的冲刷与盘片高速旋转离心力作用下，截留在盘片上的物体被冲洗出去，因此用很少的自用水量即可达到很好的清洗效果。然后反洗阀门恢复过滤位置，过滤芯上弹簧再次将盘片压紧，恢复到过滤状态。反冲洗用水均为系统过滤过的水。

叠片过滤器的特点：①精确过滤可根据用水要求选择不同精度的过滤盘片，有 20 μm、55 μm、100 μm、130 μm、200 μm、400 μm 等多种规格，过滤比大于 85%。②彻底高效反洗由于反洗时将过滤孔隙完全打开，加上离心喷射作用，达到了其他过滤器无法达到的清洗效果。每个过滤单元反洗过程只需 10～20 s 即可完成。③全自动运行，连续出水。时间和压差控制反洗启动。在过滤器系统内，各个过滤单元和工作站间按顺序进行反洗。工作、反洗状态之间自动切换，可确保连续出水，系统压损小，过滤和反洗效果不会因使用时间而变差。

第四节　施肥(施药)装置

施肥(施药)是将灌溉与施肥(施药)结合在一起的现代农业新技术，它将肥料溶于灌溉水中，借助压力灌溉系统在灌溉的同时将肥料输送到作物根部土壤。施肥(施药)装置，是用于向管道内加入化肥或农药的设备灌溉施肥(施药)装置。微灌系统的局部湿润灌溉使得作物根区环境与传统灌溉方式下的根区环境有着根本的不同，其有效管理有赖于对灌溉和施肥及其相互关系的深刻理解，并在灌溉及施肥策略上做相应调整。微灌系统中常用的施肥装置有压差式施肥罐、文丘里施肥器、比例自动施肥泵等。

一、压差式施肥装置

压差式施肥罐一般由储液罐(化肥罐)、进水管、供肥液管、调压阀等组成。其工作原理是在输水管上的两点形成压力差，并利用这个压力差，将化学药剂注入系统。储液罐为承压容器，承受与管道相同的压力。压差式施肥罐施肥工作原理与操作过程是待微灌系统正常运行后，首先把可溶性肥料或肥料溶液装入储液罐内，然后把罐口封好，关紧罐盖。接通输液管并打开其上的阀门，再接通进水管并打开阀门，此时肥料罐的压力与灌溉输水管道的压力相等。为此关小微灌输水管道上的施肥调压阀门，使其产生局部阻力水头损失，使阀后输水管道内压力变小，阀前管道内压力大于阀后管道压力，形成一定压差(根据施肥量要求调整该阀)，使罐中肥料通过输肥管进入阀后输水管道中，又造成化肥罐压力降低，因而阀前管道中的灌溉水即由供水管进入化肥罐内，而罐中肥料溶液又通过输液管进入微灌管网及所控制的每个灌水器，如此循环运行，化肥罐内肥料浓度降至接近零时，即需重新添加肥料或肥溶液，继续施肥。见图 2-15。

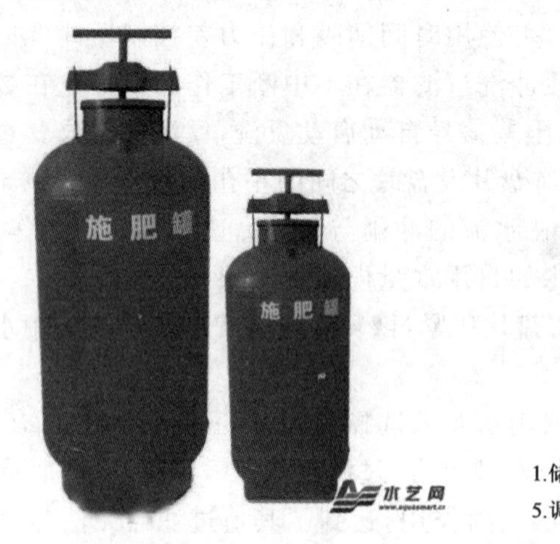

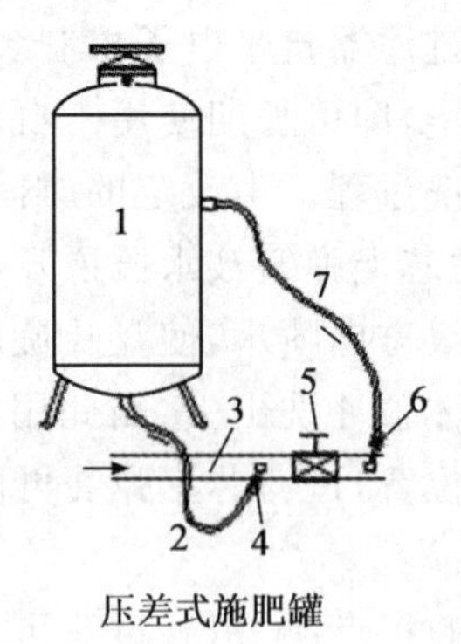

压差式施肥罐

1.储液罐　2.进水管　3.输水管　4.阀门
5.调压阀门　6.供肥管阀门　7.供肥管

图 2-15　压差式施肥罐

化肥罐应选用耐腐蚀、抗压能力强的塑料或金属材料制造。对封闭式化肥罐还要求具有良好的密封性能,罐内容积应根据微灌系统控制面积大小(或轮灌区面积大小)及单位面积施肥量和化肥溶液浓度等因素确定。

压差式施肥罐的优点是,加工制造简单,造价较低,不需外加动力设备。缺点是,溶液浓度变化大,无法控制。罐体容积有限,添加化肥次数频繁且较麻烦。输水管道因设有调压阀而造成一定的水头损失。

二、文丘里注入器

文丘里施肥器可与开敞式肥料罐配套组成一套施肥装置。文丘里施肥器是利用水流通过文丘管产生的真空吸力,将肥料溶液从敞口的肥料桶中均匀地吸入管道系统中进行施肥。其构造简单,造价低廉,使用方便,主要适用于小型微灌系统。文丘里施肥器的缺点是,如果直接装在骨干管道上注入肥料,则水头损失较大,这个缺点可以通过在管路中并联一个文丘里器来克服,构造如图 2-16 所示。文丘里施肥器各项参数见表 2-4。

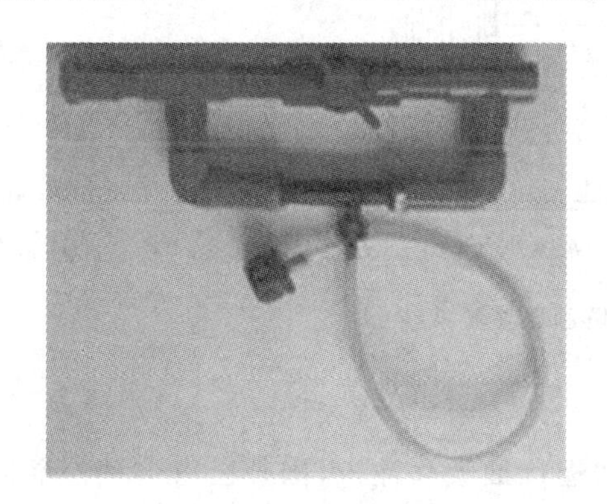

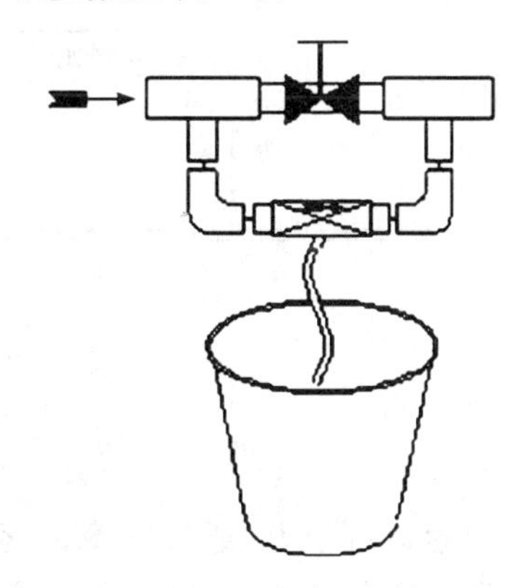

图 2-16　文丘里注入器

表 2-4　文丘里施肥器参数

型号	流量/(m^3/h)	工作压力/MPa	施肥浓度/%	材质
SFW-25	0.5～2	≤0.6	0.25～10	PVC
SFW-40	5～15	≤0.6	0.25～10	PVC
SFW-50	10～30	≤0.6	0.25～10	PVC
SFW-60	25～50	≤0.6	0.25～10	PVC

三、注射泵(计量泵)

注射泵同文丘里注入器相同是将开敞式肥料罐的肥料溶液注入微灌系统中,通常使用活塞泵或隔膜泵向微灌系统注入肥料溶液。根据驱动水泵的动力来源又可分为水力驱动和机械驱动两种。泵注法的优点是:肥液浓度稳定不变,施肥质量好,效率高。对于要求实现灌溉液 EC、pH 实时自动控制的施肥灌溉系统,压差式与吸入式都是不适宜的。而注射泵施肥通过控制肥料原液或 pH 调节液的流量与灌溉水的流量之比值,即可严格控制混合比。其缺点是:需另加注入泵,造价较高。

1. 隔膜泵

以水压力为运行动力。通常采用不锈钢和塑料制成的双隔膜泵,行程体积可调至 250 mL,工作水头范围在 15～100 m,流量可达 280 L/h,每泵送 1 L 溶液需用 2 L 水来驱动水泵并排掉。在水进口侧或溶液出口侧应设调节阀,操作水管应设水量切换阀。见图 2-17。

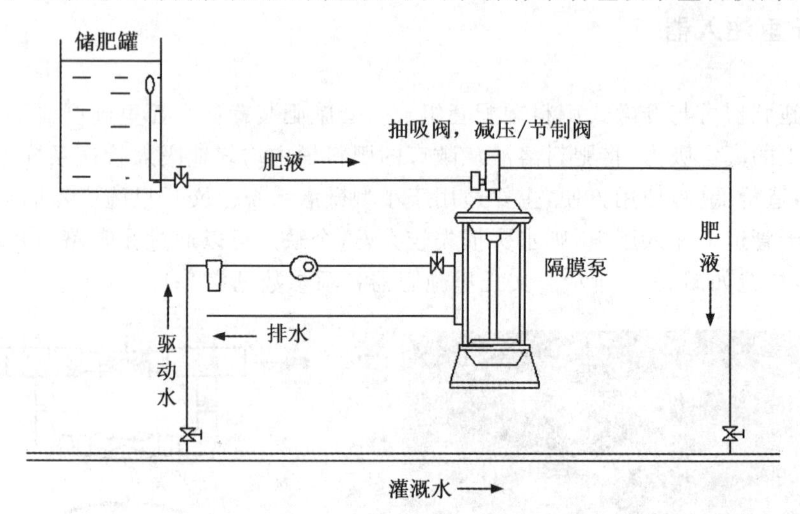

图 2-17 隔膜泵注肥系统

2. 柱塞泵

以水压力为运行动力,通过活塞的运动进行抽吸和注入,国外已有多种产品问世。以 Amid 泵为例,行程体积 33 mL,工作压力水头 80～100 m,流量可达 300 L/h,每输送 1 L 溶液需用 3 L 操作水。

为方便控制,在注肥管出口处应设调节阀;在操作水入口设水量切换阀。应设剂量表,利用计量表可按比例施肥。见图 2-18。

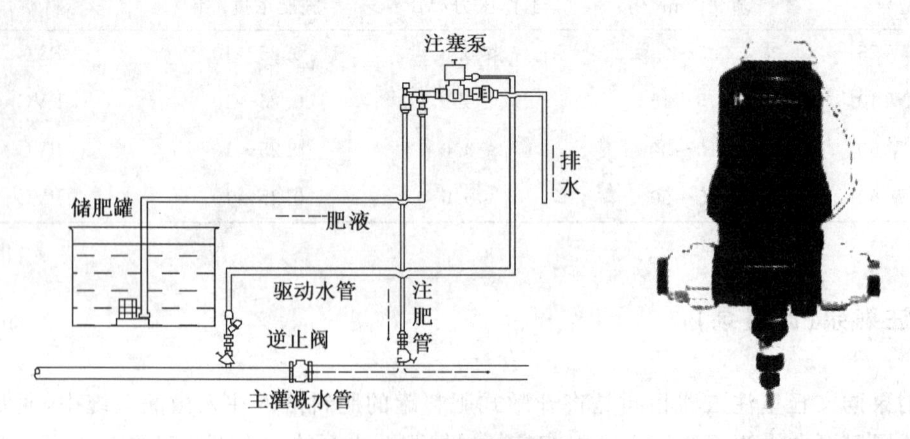

图 2-18 柱塞泵注肥系统

这种施肥器的优点是：注入比例由外部调整并很精确，有多种规格选用，混合液直接经出水口注出，内设滤网自行过滤，工作压力低，运转噪声小。其缺点是：压损大、价格高。

图 2-19 是一种水力驱动活塞泵式自动灌溉施肥器，适用于温室的灌溉施肥控制。设计独特、操作简单和模块化的自动灌溉施肥系统，能够按照用户设置的灌溉施肥程序和 EC/pH 实时监控，通过预先编制好的程序和根据反映作物需水的某些参数长时间的自动启动，通过机器上的一套肥料泵准确、适时地把肥料、养分直接注入灌溉管道中，连同灌溉水一起适时适量地施给作物，使施肥和灌溉一体化进行，大大提高了水肥耦合效应和水肥利用效率。同时，自动灌溉施肥可编程控制器实现对灌溉施肥过程的全程控制，保证作物及时、精确的水分和营养供应。

3. 电动泵

电动泵类型及规格很多，从仅供几升的小流量泵到与水表联结按给定比例注入肥料溶液和供水的各种泵型。因需电源，这种泵适合在有电源的地方使用。见图 2-20。

图 2-19　自动灌溉施肥器

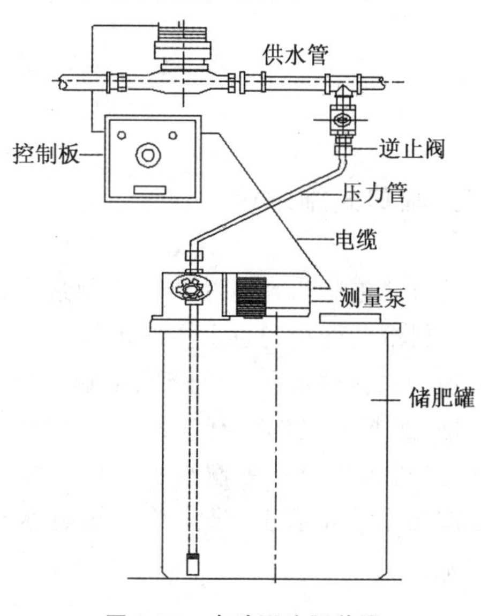

图 2-20　电动泵注肥装置

四、射流泵

射流泵的运行原理是利用水流在收缩处加速并产生真空效应的现象，将肥料溶液吸入供水管（图 2-21）。射流泵的优点是：结构简单，没有动作部件；肥料溶液存放在开敞容器中，在稳定的工作情况下稀释率不变；在规格型号上变化范围大，比其他施肥设备的费用都低等。其缺点是：抽吸过程的压力损失大，大多数类型至少损失 1/3 的进口压力；对压力和供水量的变化比较敏感，每种型号只有很窄的运行范围。

以上施肥装置均可进行某些可溶性农药的施用。为了保证滴灌系统正常运行并防止水源污染，必须注意以下 3 点：第一，注入装置一定要装设在水源与过滤器之间，以免未溶解肥料、农药或其他杂质进入滴灌系统，造成堵塞；第二，施肥、施药后必须用清水把残留在系统内的肥液或农药冲洗干净，以防止设备被腐蚀；第三，水源与注入装置之间一定要安装逆止阀，以防肥液或农药进入水源，造成污染。

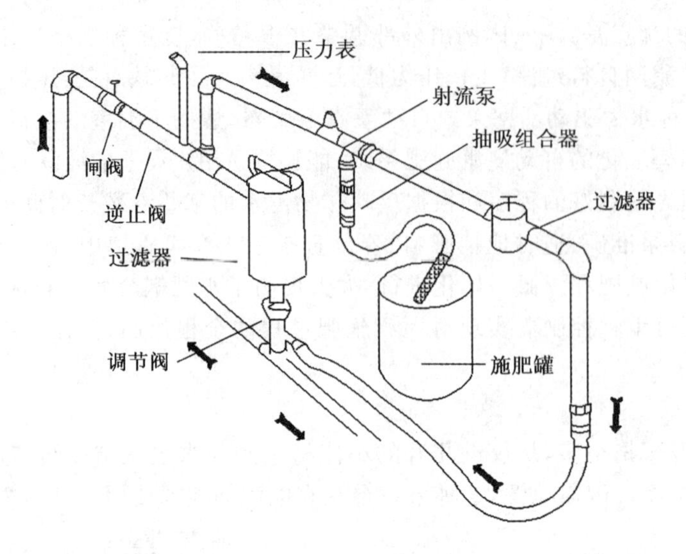

图 2-21　射流泵施肥系统

五、敞口式施肥箱

敞口式施肥箱是能够准确控制进水流量，使肥料充分溶解，且不会堵塞出水口，使溶解的肥料溶液能均匀进入主输水管，加肥方便，施肥质量能得到充分保证的敞口式滴灌施肥装置。包括进水管、出液管、主输水管、阀门、施肥箱，施肥箱为敞口，施肥箱一侧设有肥料槽，肥料槽底部设有滤网，滤网的下部与施肥箱相通，进水管和出液管与主输水管并联，且进水管设在主输水管上输水泵之后的主输水管上，出液管设在主输水管上输水泵之前的主输水管上，进水管上设有水调节阀，出液管上设有肥液调节阀、流量表以及施肥泵。

第五节　控制、测量与保护装置

一、控制装置

微灌系统压力不高，但对水质的要求严格，因此主过滤器以下至田间管网，一般均选用不锈钢、黄铜、塑料制的，或经过铬处理的低压阀门。

(一)闸阀

这种阀门具有开启和关闭力小，对水流的阻力小，并且水流可以两个方向流动等优点，但结构比较复杂。50 mm 以上金属阀门多用法兰连接，50 mm 以下的阀门用螺纹连接。

按密封面配置可分为楔式闸板式闸阀和平行闸板式闸阀，楔式闸板式闸阀又可分为单闸板式、双闸板式和弹性闸板式；平行闸板式闸阀可分为单闸板式和双闸板式。按阀杆的螺纹位置划分，可分为明杆闸阀和暗杆闸阀两种。暗杆闸阀的传动螺纹位于阀体内部，高度尺寸小，在启闭过程中，阀杆只做旋转运动，闸板在阀体内升降。楔式闸阀单闸板结构简单，尺寸小，使用比较可靠，灌溉系统一般选用的是法兰暗杆楔式闸阀(图 2-22)。

(二)蝶阀

蝶阀是用圆盘式启闭件往复回转 90°左右来开启、关闭或调节介质流量的一种阀门。蝶阀不仅结构简单、体积小、重量轻、材料耗用省、安装尺寸小、驱动力矩小、操作简便、迅速，并且还可以同时具有良好的流量调节功能和关闭密封特性，是近十几年来发展最快的阀门品种之一。见图 2-23。

图 2-22　闸阀

图 2-23　蝶阀

从连接方式分类，可分为法兰式、对夹式、焊接式及凸耳式连接。从驱动形式分类，可分为手动、蜗轮传动、电动、气动、液动、电液联动等执行机构，可实现远距离控制和自动化操作。灌溉系统一般选用的是涡轮法兰蝶阀。

(三)球阀

球阀在灌溉系统中应用较广泛，一般采用 UPVC 球阀，主要安装在过滤器的冲洗口与排污口、施肥罐的进出口、管道的末端排污(水)口、支管进口等处。球阀结果简单，对水流的阻力也小，重量轻容易安装，缺点是开启或关闭太快，会在管道中产生水锤(管道内水流速突然变化时压力升高)，因此不宜用在主干管上。见图 2-24。

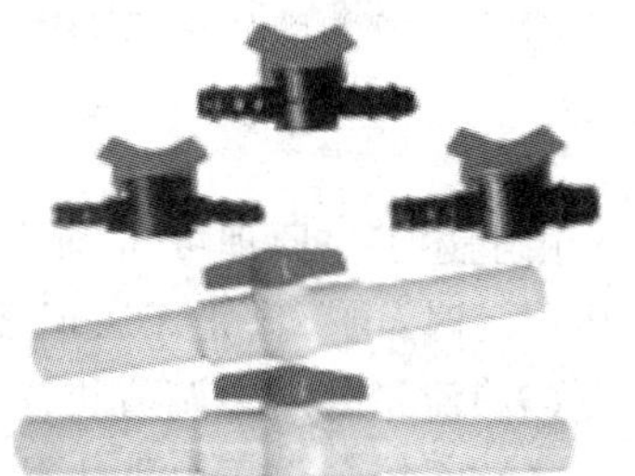

图 2-24　球阀

(四)电磁阀

电磁阀是自动化控制系统中的必备设备，一般为隔膜阀(图 2-25)。电磁阀腔内由一个特制的橡胶隔膜隔开。电磁阀内橡胶隔膜的上部与水接触面积大，下部与水接触面积小。当隔膜上下的压强相等时，隔膜上面的水压力将大于隔膜下面的水压力，隔膜被压回隔膜座，阀门关闭。阀门上游与隔膜上腔之间有一个过水小孔，上游的水可流入上腔，隔膜上腔的水可通过上腔与电磁头下的小孔流入下游。阀门上下游之间这一细小过水通道的开与关由电磁头上的金属塞控制。金属塞落下则通道关闭，上升则开启。通道打开时上游的水流向下游，导致隔膜上腔压力小于下腔压力，阀门打开。电磁头上的金属塞靠电磁力提升，靠塞上的弹簧压下。

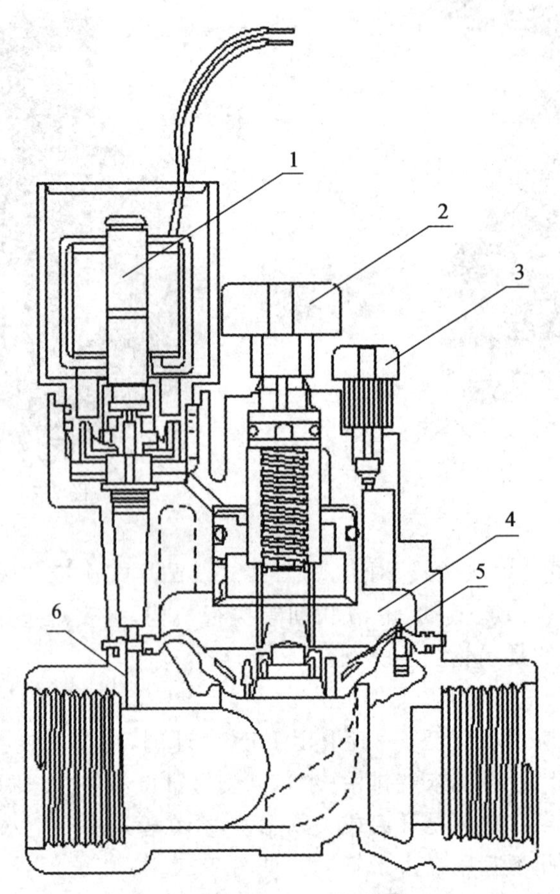

1. 电磁头 2. 流量调节手柄 3. 外排气螺丝 4. 电磁阀上腔 5. 橡胶隔膜 6. 导流孔

图 2-25 电磁阀结构示意图

由上述工作原理可知，驱使电磁阀开关的真正动力为水压。因此，当灌溉系统中流量及水压不足时，电磁阀是无法正常工作的。

(五)流量与压力调节装置

滴灌系统工作压力是从最不利灌水小区向上推算的，当灌溉系统工作时，最不利灌水小区以上输配水管网中的压力将逐渐增大，为了保证灌溉系统灌水均匀，必须在其他灌水小区进口处设置压力或流量调节装置，用以自动调节灌水小区进口的流量和压力。有些情况下，

某些不能预计的 原因可能使压力发生变化，也必须在系统中配置一定的稳定装置，以防止水压或流量的波动。

1. 流量调节器

流量调节器是通过自动改变过水断面的大小来调节流量的。目前，主要有两种不同形式结构特点的流量调节器：弹性橡胶环式和硅胶膜套式(图 2-26)。

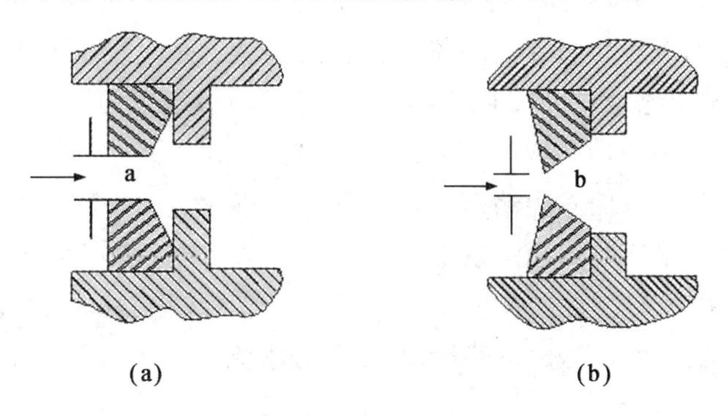

图 2-26　流量调节器示意图

弹性橡胶环式的工作原理是：当管道中的压力不超过额定工作压力时，流量调节器内的弹性橡胶环处于图 2-26(a)所示状态，这时孔口断面较大，能通过正常的设计流量；当管路中压力增加时，水流就压迫橡胶环处于图 2-26(b)所示的位置。此时虽然压力升高了，但过水断面却减小了。因此仍能保持流量不变。

2. 毛管流调器

目前，国内滴灌设备生产厂家已开发出多种规格型号的毛管流调器产品，图 2-27 为一种压力式流调器，又称稳流三通。该流调器由"T"形三通和装设在三通纵向管内的稳流管两部分组成，"T"形三通连接处的纵向管内壁为圆锥形口，稳流管为一圆柱体，一端是与纵向管锥形口锥度一致的锥形口，另一端为圆形凸台。在圆柱体中下部腔内中心装设一断面为三角形的三面体，在每一面上均垂直连有一个小三角形三面体，3 个小三角形三面体互不相连，每两个小三角形三面体间构成一个水流流道，圆柱体中下部套装有硅胶套。

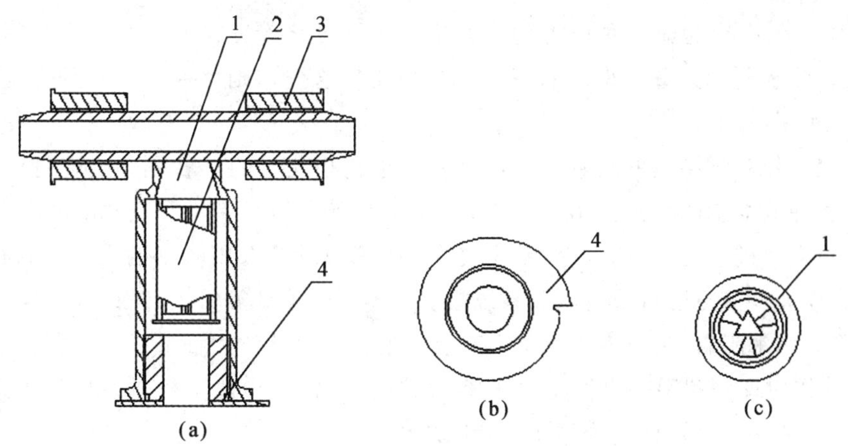

1. 稳流管　2. 硅胶套　3. 滴灌带接头　4. 与支管连接的外接头

图 2-27　毛管流调器结构示意图

第二章　水源工程及首部枢纽

其工作原理是：流调器进水口压力不超过额定工作压力时，硅胶套不变形，此时流道过水断面较大，能通过正常的设计流量；当流调器进水口压力超过额定工作压力时，由于硅胶套内外形成压差，压迫硅胶套使流道过水断面变小，因此可保持流量不变。

3.压力调节器

压力调节器是用来调节管路中水压使之保持在稳定状态的装置。国外有大量各种形状的、适用于不同用途的廉价压力控制装置。安全阀实际上是一种特殊的压力调节装置。它们的主要部件是弹簧-活塞装置，靠压力压迫弹簧而驱动活塞来调节压力。这种压力控制方法最适用于灌溉系统：第一，它运行的水头损失相当低，为1～3 m；第二，如果设计合理，它对污物的阻塞作用很小，故而发生堵塞的可能性也小；第三，因为它只控制压力而不影响流量，可适用于灌水器数量不等的灌溉系统。

图2-28所示为一种安装在支管进口处的压力调节器，其工作原理是：当管道中的压力较大时，作用在调节器上的水压力推开活塞，使部分水流通过排水孔排出，释放一部分压能，从而使管道中的水压保持稳定。

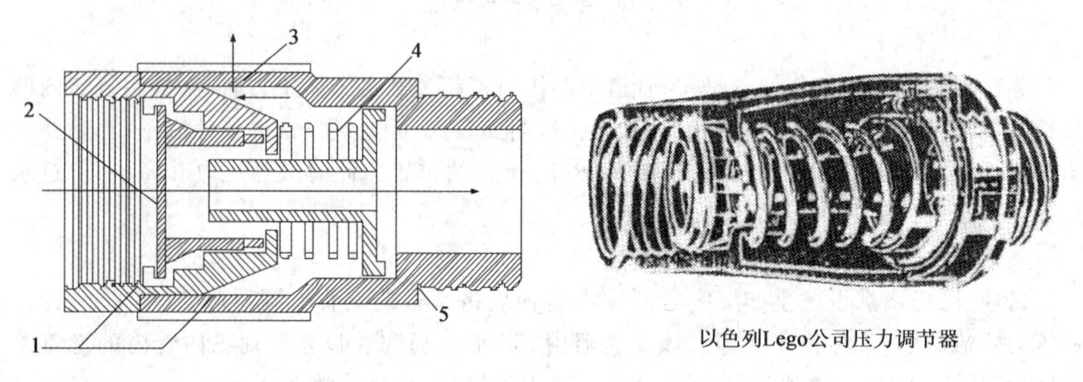

1.橡皮环　2.限位套　3.减压孔　4.调节弹簧　5.活塞栓

图2-28　压力调节器

4.水头损失的调节

水头损失的调节，也是一种压力调节方法。如果要求流过管道的高压水有固定的水头损失（以支管控制面积为灌水小区的滴灌系统往往是这样），则可用以下两种方法制造局部水头损失来实现：

（1）利用一种非常简单的装置——带有一个小直径孔口的环状隔膜。在管内安装这种隔膜，可显著降低下游的水压。制造商会提供这种隔膜的降压特性和其他的技术说明。

（2）选用支管进口处（三通、弯头或连接管）时，通过计算选用较小的入口端管径，造成所需要的水头损失。该方法可节省滴灌系统投资，最省钱；但计算量大，设计难度高。

调压管又称水阻管，是国内小系统上安装在毛管进口处的一种造成水头损失的装置（图2-29）。其工作原理是利用一定长度的细管沿程摩阻消能来消除毛管进口处的多余压力，使进入毛管的水流保持在设计允许的压力范围之内。

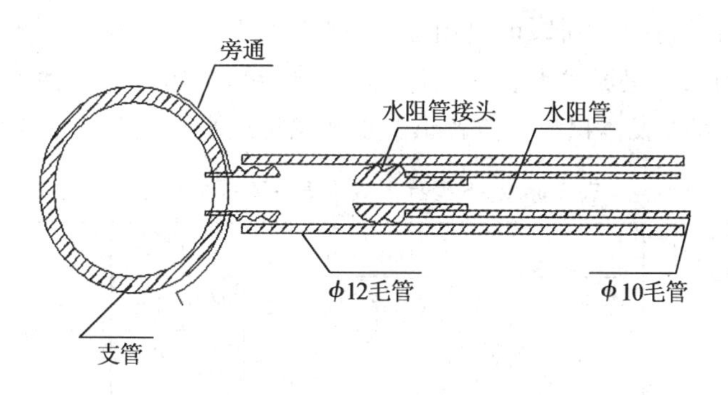

图 2-29　水阻管连接方式

二、测量装置

(一)压力表

图 2-30　压力表

压力表是灌溉系统中必不可少的测量仪器，它可以反映系统是否按设计正常运行，特别是过滤器前后的压力表，它直接指示出过滤器的堵塞情况以便按规定要求及时冲洗。市场上出售的压力表规格型号很多，滴灌系统中通常选用精度适中，压力量度范围较小(980 kPa 以下)的弹簧管压力表。规格参数见表 2-5。压力表内有一根圆形截面的弹簧管，管的一端固定在插座上并与外部接头相通，另一端封闭并与连杆和扇形齿轮连接，可以自由移动。当压力水进入弹簧管后，在压力的作用下弹簧管的自由端产生位移，这个位移使指针偏转，指针在度盘上的指示就是压力表安装位置的水压值。见图 2-30。

表 2-5　弹簧管压力表规格参数

型号	表圆直径 φ/mm	接头螺纹尺寸	精度等级	量程范围/MPa	使用环境条件/℃
Y-60	60	M14×1.5	1.0,1.5	0～0.16,0～0.25 0～0.4,0～0.6	-40～+70
Y-100	100	M20×1.5	1.0,1.5		
Y-150	150	M20×1.5	1.0,1.5		
Y-200	200	M20×1.5	1.0,1.5		

(二)水表

在中小型灌溉系统中，一般利用水表来计量一段时间内通过管道的水流总量或灌溉用水量。水表一般安装在首部枢纽过滤器之后的干管上，也可根据需要将水表安装在相应的支管上。

滴灌系统应选用水头损失小、精度较高、量度范围大、使用寿命长、维修方便、价格低廉的水表。在选择水表时，首先应了解水表的规格型号、水头损失曲线及主要技术参数等。然后根据设计流量的大小，选择额定流量大于或接近设计流量的水表为宜，切不可单纯以输水管管径大小来选定水表口径，否则，会造成水头损失过大。

当灌溉系统设计流量较小时，可以用LXS型旋翼式水表。规格参数见表2-6。当系统流量较大时，可选用水平螺翼式水表，后者在同样口径和工作压力条件下，通过的流量比前者大1/3，水头损失和水表体积都比前者小。水平螺翼式水表主要技术参数见表2-7。

表2-6 LXS型旋翼式水表主要技术参数

型号	公称口径/mm	流量参数/(m^3/h)				灵敏度	示值范围/m^3	
		特征流量	最大流量	额定流量	最小流量		最小	最大
LXS—50	50	⩾30	15	10	0.40	⩽0.09	0.01	100 000
LXS—80	80	⩾70	35	22	1.10	⩽0.30	0.01	100 000
LXS—100	100	⩾100	50	32	1.40	⩽0.40	0.01	100 000
LXS—150	150	⩾100	100	63	2.40	⩽0.55	0.01	100 000

注：特征流量是指水头损失为10 m时通过的流量。

表2-7 水平螺翼式水表主要技术参数

公称口径/mm	流量参数/(m^3/h)				示值范围/m^3	
	通过能力	最大流量	额定流量	最小流量	最小	最大
80	65	100	60	2	0.01	100 000
100	110	150	100	3	0.01	100 000
150	275	300	200	5	0.01	1 000 000
200	500	600	400	10	0.01	1 000 000

注：通过能力为水头损失1 m时通过水表的水量。

(三)自动量水阀

当通过预定的水量时自动量水阀即自动关闭。很多阀可以依次由水力驱动。

自动量水阀是根据所需水量和设计流量选择的(图2-31)。在设计时，一定要考虑制造厂商提供的局部水头损失。

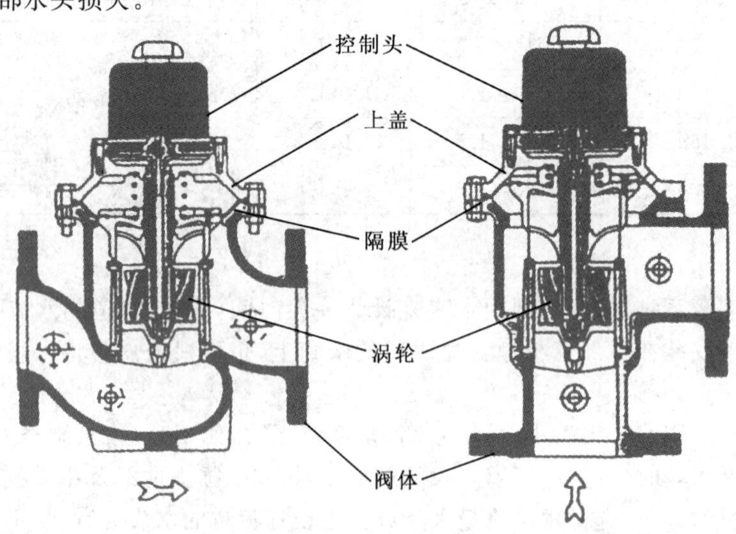

图2-31 自动量水阀结构图

三、安全保护装置

(一)逆止阀

逆止阀(又名止回阀)是指依靠介质本身流动而自动开、闭阀瓣,用来防止介质倒流的阀门。如在供水管与施肥系统之间的管道中安装逆止阀,当供水停止时,逆止阀自动关闭,使肥料罐里化肥和农药不能倒流回供水管中,另外在水泵出水口安装逆止阀后,当水泵突然停止时可以防止水倒流,从而避免了水泵倒转。

(二)安全阀

安全阀是一种当管内压力上升时,自行开启,防止水锤事故的安全装置。一般安装在管路始端,对全管道起保护作用,如产生水柱分离,则必须在管路沿程的一处或几处另装安全阀,才能达到防止水锤的目的。目前安全阀有弹簧式、杠杆式和开放式几种,微灌系统常用的安全阀是弹簧式安全阀。见图 2-32。

(三)减压阀

减压阀的作用是在设备或管道内的水压超过工作压力时,自动降低到所需压力。如在地势很陡、管轴线急剧下降、管内水压力上升超过了灌水器的工作压力或管道的允许压力时,就要用减压阀适当降低压力。减压阀按结构形式分为薄膜式、弹簧式、活塞式和波纹管式等。除活塞式减压阀适用于蒸汽和空气外,其余 3 种均可用于水和空气。见图 2-33。

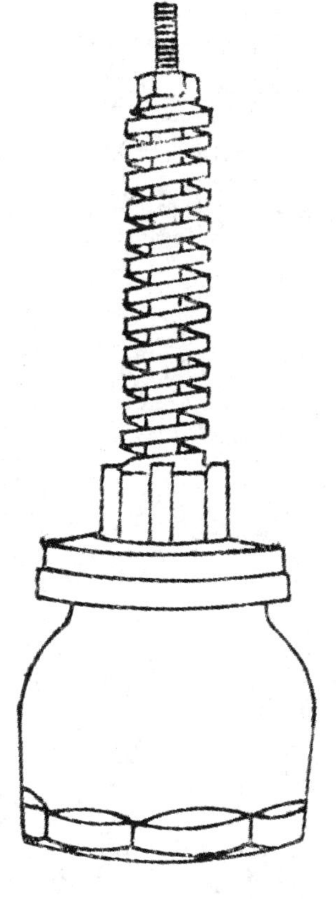

图 2-32　弹簧式安全阀示意图

图 2-33　减压阀

(四)进排气阀

进排气阀能够自动排气和进气,压力水来时又能自动关闭。在微灌系统中主要安装在管网中最高位置处和局部高地,安装在系统供水管、干、支管等的高处。当管道开始输水时,管中的空气向高处集中,此时主要是起排除管中空气的作用,防止空气在此形成气泡而产生气阻,保证系统安全输水。当停止供水时,由于管道中的水流逐渐被排除,致使管道内出现负压,此时主要起进气作用。微灌系统中经常使用的进排气阀有塑料和铝合金材料两种。图 2-34 所示的是一种浮球式空气阀在不同状态时的工作情况,其中该图(a)为排完空气后,浮球在水的顶托作用下,自动封闭排气孔;(b)为管网开始供水时,进排气阀排除管内空气;(c)为管网停止供水后,浮球下落,管网与大气再次连通,防止管道产生负压。管网中安装的进气阀的口径应不小于被排气管道口径的 1/4,且阀体必须竖直安装。

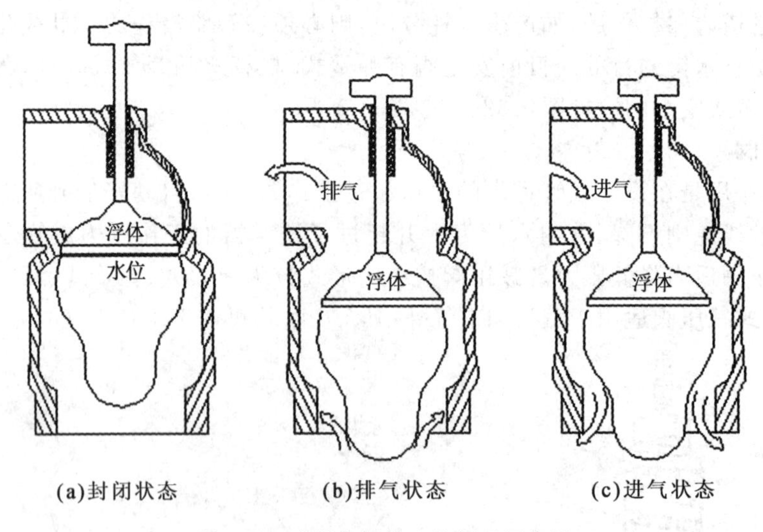

图 2-34 进排气阀的工作原理示意图

第三章　微灌系统管网及灌水器

第一节　微灌用管道与连接件

各种管道与连接件按设计要求安装组合成一个微灌输水网络，起着按作物需水要求向田间和作物输水和配水的作用。管道与连接件在微灌工程中用量大、规格多、所占投资比重也较大，因而管道与连接件型号规格的不同和质量的好坏，不仅直接关系到微灌工程投资大小，而且也关系列微灌能否正常运行及发挥最佳经济效益。为此，设计者与使用者必须了解各种微灌用管道和连接件的作用、种类、型号、规格及性能，才能正确合理地设计与管理好微灌工程。

微灌系统绝大多数使用塑料管道，常用的有聚氯乙烯（PVC）、聚丙烯（PP）和聚乙烯（PE）管。在首部枢纽、穿路、高架等特殊情况也使用一些其他管道，如镀锌钢管等。

一、微灌用管道与连接件的要求

微灌工程采用低压力管网输水与灌水，由于管网中各级管道的功用不同，对管道与连接件的要求也不相同。对于大型微灌工程的骨干输水管道（如上、下山干管、输水总干管等），当塑料管道与连接件的品种和性能不能满足设计要求时，可采用其他材质的管道与连接件，如钢管、铸铁管，钢筋混凝土管、钢丝网水泥管等管道及其连接件。但对过滤器以后的管网则全部采用塑料管道及连接件。不论采用哪种材质的管道与连接件，都必须满足下列要求。

1.能承受一定的水压力

各级管道必须能承受设计工作压力才能保证安全输水与配水，因此在选择管道时一定要了解各种管道与连接件的承压能力。管道的承压能力与管道连接件的材质、规格型号及连接方式等有直接关系。因此，在具体选用时一定要弄清生产厂家的管道与连接件的材质、型号规格及性能，以免用错造成微灌系统不能使用或使用不合理。

2.耐腐蚀抗老化性能较强

微灌工程管网要求所用的管道与连接件应具有耐腐蚀和较强的抗老化性能。保证微灌系统在灌溉输水与输配水、肥液过程中不发生或极少发生锈蚀、化学沉淀、藻类等微生物繁殖等，从而保证避免（或最大限度地减少）灌水器及微灌系统产生堵塞现象，使灌水器有较长的使用寿命。

3.规格尺寸与公差必须符合技术规定标准

各种管道与连接件都应按照有关部门规定的技术标准要求进行生产。技术规定标准主要内容包括:管径偏差、壁厚及偏差必须在技术标准允许范围内;管道内壁要光滑、平整、清洁;管壁外观光滑,无凹陷、裂纹和气泡,要求连接件无飞边和毛刺。对塑料管道与连接件,则必须按规定标准添加一定比例的炭黑,保证管壁不透光。

4.便于运输和安装

各种管道均应按有关规定制成一定长度。以便于用户安装与减少连接件用量及节省投资。

二、微灌管道的种类

针对一般微灌工程大多采用塑料管的特点,结合管网等级分类,重点介绍塑料管道。对仅限于大型微灌工程中引、输水主管道所采用的其他材质的管道,只做简要介绍。

(一)塑料管

用于微灌系统的塑料管道主要有3种:聚乙烯管、聚氯乙烯管和聚丙烯管。塑料管道具有抗腐蚀、柔韧性较高,能适应土壤较小的局部沉陷,内壁光滑、输水摩阻糙率小、比重小、重量轻和运输安装方便等优点,是理想的微灌用管道。管道规格多种多样,国外已生产出内径为2 000 mm以上的大口径塑料管,我国已生产出内径为1 600 mm的较大口径聚氯乙烯管供工农业生产使用。用于微灌系统的塑料管规格一般在内径400 mm以下。塑料管的缺点是易老化,这是因阳光照射引起的。由于微灌管网系统大部分埋入地下一定深度,老化问题已得到较大程度的克服,因而延长了使用寿命,埋入地下的塑料管使用寿命一般达20年以上。

1.聚乙烯管(PE)

聚乙烯管有高压低密度聚乙烯管为半软管,管壁较厚,对地形适应性强,是目前国内微灌系统使用的主要管道。低压高密度聚乙烯管为硬管,管壁较薄,对地形适应性不如高压聚乙烯管。

微灌用高压聚乙烯管材是由高压低密度聚乙烯树脂加稳定剂、润滑剂和一定比例的炭黑经制管机挤出成型。其规格、尺寸及性能符合GB/T 13663—2000标准的要求,卫生性能符合GB/T 17219标准以及国家卫生部相关的卫生安全性评价规定,是目前全球应用增长最快的塑料管道系统,以其材质轻、柔韧性好、耐腐蚀、施工便捷、抗震、卫生环保、使用寿命长、综合造价低等诸多优势而被广泛应用于各种领域。管材、管件连接可采用热熔承插、热熔对接及电熔等连接方式,使管材、管件溶为一体,系统安全可靠,施工成本低。

为了防止光线透过管壁进入管内,引起藻类等微生物在管道内繁殖,增强抗老化性能和保证管道质量,要求聚乙烯管为黑色,外观光滑平整、无气泡,无裂口、沟纹、凹陷和杂质等。

聚乙烯管的优点:具有独特的柔韧性,其断裂伸长率超过500%,弯曲半径可以小到管直径的20~25倍,在铺设时很容易移动、弯曲和穿插;低温抗冲击性好,低温脆化温度极低,可在-60~60℃范围内安全使用,抗冲击强度高,耐强震、抗扭曲;独特的电熔连接热熔对接、热熔承插连接技术使接口强度高于管材本体,保证了接口的安全可靠。重量轻,工艺简单,运输、施工方便,工程综合造价低;抗应力开裂性能好,具有低的缺口敏感性,高抗剪切强度和优异的抗刮痕能力,耐候性好,适应性强;安全卫生,无毒,不影响水质,原材料分子只有碳和氢元素,没有有毒有害元素存在,安全无污染,可用于饮用水管道;使用寿命长,重量轻,耐腐蚀，长久的使用寿命，在正常条件下，最少寿命达50年。可耐多种化学介质的腐蚀；无电化学腐蚀。

表 3-1　给水用低密度聚乙烯(PE)管参数规格

外径尺寸/mm	0.4 MPa			0.6 MPa		
	米重/(kg/m)	壁厚/mm	壁厚偏差	米重/(kg/m)	壁厚/mm	壁厚偏差
20	0.134	1.5	+0.4	0.134	2.2	+0.5
25	0.172	1.9	+0.4	0.202	2.7	+0.5
32	0.234	2.4	+0.5	0.329	3.5	+0.6
40	0.359	3.0	+0.5	0.513	4.3	+0.7
50	0.553	3.7	+0.6	0.794	5.4	+0.9
63	0.88	4.7	+0.8	1.266	6.8	+1.1
75	1.225	5.6	+0.9	1.777	8.1	+1.3
90	1.759	6.7	+1.1	2.562	9.1	+1.5

注：产品系列：ϕ16～125 mm；执行标准：GB/T 1930—2006。

(a)低压输水软管

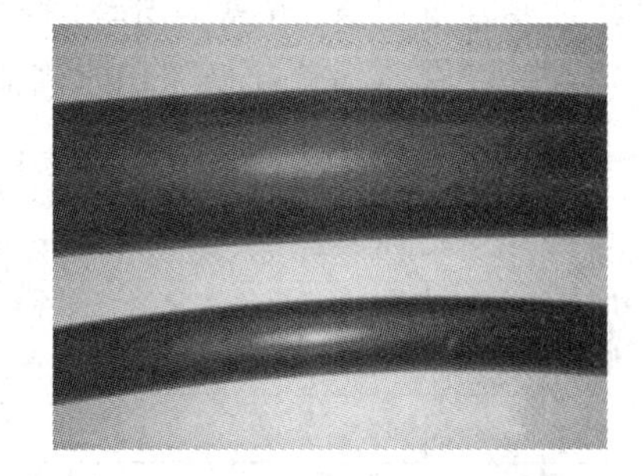

(b)给水用低密度聚乙烯(PE)管

图 3-1　PE 管材

表 3-2　低压输水软管参数规格

外径尺寸/mm	米重/(kg/m)	壁厚/mm	壁厚偏差	包装规格/(m/件)
32	0.112	0.8	+0.20	300
40	0.145	0.9	+0.20	300
63	0.195	0.9	+0.20	110
75	0.275	1.1	+0.25	90
90	0.400	1.3	+0.30	70
110	0.626	1.6	+0.35	60
125	0.760	1.8	+0.40	50

注：产品系列：ϕ63～125 mm；执行标准：Q/XJTY 0219—2012。

2.聚氯乙烯管(PVC)

硬聚氯乙烯给水管管材采用聚氯乙烯树脂为主要原料,添加必要的助剂,经挤出加工成型,它作为一种发展成熟的供水管材,具有耐酸、耐碱、耐腐蚀性强,耐压性能好,质轻,价格低,流体阻力小,无二次污染,符合卫生要求,施工操作方便等优越性能,是一种强度高、稳定性好、使用寿命长、性价比高的管材,大力推广 PVC 给水管,符合国家建设部、国家经贸委发展化学建材的指导方针,符合人们生活水平提高的发展需要。PVC 环保给水管系统在欧美等国家已经使用了几十年,它是世界上产量最大的塑料产品之一,应用广泛。

微灌用聚氯乙烯管材一般为灰色。为保证使用质量要求,管道内外壁均应光滑平整,无气泡、裂口、波纹及凹陷,对管内径为40～400 mm 的管道的扰曲度不得超过1%,不允许呈“S”形。

PVC-U 管优点:质量轻,便于运输与安装;密度较小,搬运、装卸、施工方便;机械强度大;管材具有良好的耐压性能,柔韧性,抗冲击性能和抗拉伸强度高,能抵抗外界冲击,环境适应性强。施工简易,维护方便,造价低廉;产品使用简单易行的胶粘剂粘接或弹性密封圈连接,安装简易牢固。连接施工迅速容易,施工工程费低廉;耐腐蚀性优良,耐候性好;具有优异的耐酸、耐碱、耐腐蚀性,对于化学工业之用途甚为适合;卫生环保,无污染,不影响水质;管道使用无铅配方生产,卫生性能符合 GB/T 17219 安全性评价标准规定及国家卫生部相关的卫生安全评价规定;水流阻力小;管材内壁光滑,其粗糙系数仅为 0.009,流体阻力小,减少了系统运行费用。

PVC-U 管常见用途:市政民用给排水管道系统;工业供水排水管道系统;灌溉及植被浇水管道。PVC-U 管给水管和低压输水灌溉用管材规格见表 3-3,表 3-4。

表 3-3　PVC-U 系列给水管材规格尺寸

序号	公称外径/mm	0.63 MPa			0.8 MPa			1.0 MPa			1.25 MPa		
		壁厚/mm	壁厚偏差	米重/(kg/m)	壁厚/mm	壁厚偏差	米重/(kg/m)	壁厚/mm	壁厚偏差	米重/(kg/m)	壁厚/mm	壁厚偏差	米重/(kg/m)
1	32										2	0.4	0.45
2	40							2	0.4	0.40	2.4	0.5	0.57
3	50				2	0.4	0.60	2.4	0.5	0.70	3.0	0.5	0.80
4	63	2	0.4	0.68	2.5	0.5	0.89	3	0.5	0.95	3.8	0.6	1.25
5	75	2.3	0.5	0.89	2.9	0.5	1.18	3.6	0.6	1.35	4.5	0.7	1.72
6	90	2.8	0.5	1.27	3.5	0.6	1.66	4.3	0.7	1.78	5.4	0.8	2.36
7	110	2.7	0.5	1.60	3.4	0.6	1.98	4.2	0.7	2.50	5.3	0.8	2.94
8	125	3.1	0.6	2.10	3.9	0.6	2.51	4.8	0.7	3.10	6.0	0.8	4.13
9	140	3.5	0.6	2.71	4.3	0.7	3.21	5.4	0.8	3.96	6.7	0.9	5.08
10	160	4.0	0.6	3.26	4.9	0.8	4.13	6.2	0.9	5.10	7.7	1.0	6.48
11	180	4.4	0.7	4.47	5.5	0.8	5.30	6.9	0.9	6.49	8.6	1.1	8.00
12	200	4.9	0.7	5.08	6.2	0.9	6.56	7.7	1.0	7.55	9.6	1.2	9.33
13	225	5.5	0.8	6.56	6.9	0.9	8.28	8.6	1.1	9.40	10.8	1.3	12.32
14	250	6.2	0.9	7.75	7.7	1.0	10.03	9.6	1.2	11.98	11.9	1.4	15.02
15	280	6.9	0.9	11.02	8.6	1.1	13.06	10.7	1.3	16.12	13.4	1.6	19.36

续表 3-3

序号	公称外径/mm	0.63 MPa			0.8 MPa			1.0 MPa			1.25 MPa		
		壁厚/mm	壁厚偏差	米重/(kg/m)	壁厚/mm	壁厚偏差	米重/(kg/m)	壁厚/mm	壁厚偏差	米重/(kg/m)	壁厚/mm	壁厚偏差	米重/(kg/m)
16	315	7.7	1.0	12.00	9.7	1.2	16.08	12.1	1.5	20.19	15	1.7	25.80
17	355	8.7	1.1	15.20	10.9	1.3	20.12	13.6	1.6	24.84	16.9	1.9	32.20
18	400	9.8	1.2	19.20	12.3	1.5	25.75	15.3	1.8	30.64	19.1	2.2	40.36
19	450	11	1.3	25.21	13.8	1.6	31.82	17.2	2.0	39.20	21.5	2.4	50.62
20	500	12.3	1.5	31.04	15.3	1.8	40.07	19.1	2.2	49.48	23.9	2.6	61.89
21	560	13.7	1.6	39.11	17.2	2.0	49.31	21.4	2.4	62.94	26.7	2.9	77.11
22	630	15.4	1.8	49.61	19.3	2.2	62.18	24.1	2.7	79.13	30	3.3	96.63

注：产品系列：ϕ25～630 mm，执行标准：GB/T 10002.1—2006。

表 3-4　PVC-U 系列低压输水灌溉用管材规格尺寸

公称外径/mm	平均外径极限偏差	壁厚							
		公称压力 0.2 MPa		公称压力 0.25 MPa		公称压力 0.32 MPa		公称压力 0.4 MPa	
		公称壁厚	极限偏差	公称壁厚	极限偏差	公称壁厚	极限偏差	公称壁厚	极限偏差
75	+0.3 0	—	—	—	—	1.6	+0.4 0	1.9	+0.4 0
90	+0.3 0	—	—	—	—	1.8	+0.4 0	2.2	+0.5 0
110	+0.4 0	—	—	1.8	+0.4 0	2.2	+0.4 0	2.7	+0.5 0
125	+0.4 0	—	—	2.0	+0.4 0	2.5	+0.4 0	3.1	+0.6 0
140	+0.5 0	2.0	+0.4 0	2.2	+0.4 0	2.8	+0.5 0	3.5	+0.6 0
160	+0.5 0	2.0	+0.4 0	2.5	+0.4 0	3.2	+0.5 0	4.0	+0.6 0
180	+0.6 0	2.3	+0.5 0	2.8	+0.5 0	3.6	+0.5 0	4.4	+0.7 0
200	+0.6 0	2.5	+0.5 0	3.2	+0.6 0	3.9	+0.5 0	4.9	+0.8 0
225	+0.7 0	2.8	+0.5 0	3.5	+0.6 0	4.4	+0.7 0	5.5	+0.9 0
250	+0.8 0	3.1	+0.6 0	3.9	+0.6 0	4.9	+0.8 0	6.2	+1.0 0
280	+0.9 0	3.5	+0.6 0	4.4	+0.7 0	5.5	+0.9 0	6.9	+1.1 0
315	+1.0 0	4.0	+0.6 0	4.9	+0.8 0	6.2	+1.0 0	7.7	+1.2 0

注：规格尺寸：ϕ75～315 mm，执行标准：GB/T 13664—2006。

(二)其他管道

1. 铸铁管

铸铁管一般可承受 980～1 000 kPa 的工作压力。优点是工作可靠,使用寿命长。缺点是输水糙率大,质脆,单位长度重量较大,每根管长较短(4～6 m),接头多,施工量大。在长期输水后发生锈蚀作用在管壁生成铁瘤,使管道糙率增大,不仅降低管道输水能力,而且含在水中的铁絮物会堵塞灌水器,对滴头堵塞尤为严重。因此,在微灌工程中,铸铁管只能用在主过滤器以前作为骨干引水管用,严禁用于田间输配水管网系统。铸铁管的规格及连接方法请参考有关资料,此处不做详解。

2. 钢管

钢管的承压能力最高,一般可达 1 400～6 000 kPa,与铸铁管相比它具有管壁薄、用材省和施工方便等优点。缺点是容易产生锈蚀,这不仅缩短了它的使用寿命,而且也能产生铁絮物引起微灌系统堵塞,因此,在微灌系统中一般很少使用钢管材,仅限于在主过滤器之前作高压引水管道用。

3. 钢筋混凝土管

钢筋混凝土管主要有承插式自应力钢筋混凝土管和预应力钢筋混凝土管两种。钢筋混凝土管能承受 400～700 kPa 的工作压力。优点是可以节约大量钢材和生铁,输水时不会产生锈蚀现象,使用寿命长,可达 40 年左右。缺点是质脆,管壁厚,单位长度重,运输困难。在微灌工程中主要用在过滤器以前作引水管道。使用当地生产的钢筋混凝土管时,一定要弄清楚规格及承压能力并严格进行质量检查,合格者才能使用。

4. 石棉水泥管

石棉水泥管是用 75%～85%的水泥与 12%～15%的石棉纤维(重量比)混合后用制管机卷成的。石棉水泥管具有耐腐蚀、重量较轻。管道内壁光滑、施工安装容易等优点。缺点是抗冲击力差。石棉水泥管一般可承受 600 kPa 以下的工作压力,在微灌系统中主要用于过滤器之前作引水管道。

三、微灌管道连接件的种类

管道与连接件是用于组成输水、配水的网管系统。连接件是连接管道的部件,亦称管件。管道种类及连接方式不同,连接件也不同。如铸铁管和钢管可以焊接、螺纹连接和法兰连接;铸铁管可以用承插方式连接;钢筋混凝土管和石棉水泥管可以用承插方式、套管方式及浇注方式连接;塑料管可用焊接、螺纹、套管粘接或承插等方式连接;铸铁管、钢管、钢筋混凝管、石棉水泥管等四种管道的连接方式与普通压力输水管道的连接相同,此处不再赘述。塑料管是滴灌系统的主要用管,有聚乙烯管、聚氯乙烯管和聚丙烯管等种类。现在就微灌用塑料管道的连接方式和连接件分述如下。

(一)接头

接头的作用是连接管道,根据两个被连接管道的管径情况,分为同(等)径和变(异)径接头两种。塑料接头与管道的连接方式主要有套管粘接、螺纹连接和内承插式 3 种。

(二)三通

三通(图 3-2)主要用于管道分叉时的连接,与接头一样,三通有等径和变径三通之分,根据被连接管道的交角情况又可以分为直角三通与斜角两种。三通的连接方式及分类和接头相同。

(a) PVC 变径三通

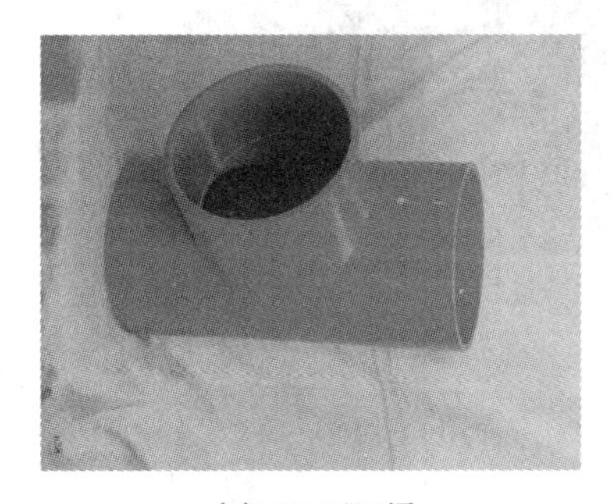

(b) PVC 正三通

(c) PE 三通

(d) 中心阳文三通

图 3-2 三通

(三)弯头

在管道转弯和地形坡度变化较大之处就需要使用弯头来连接管道,弯头有 90°和 45°两种,即可满足整个管道系统安装的要求(图 3-3)。

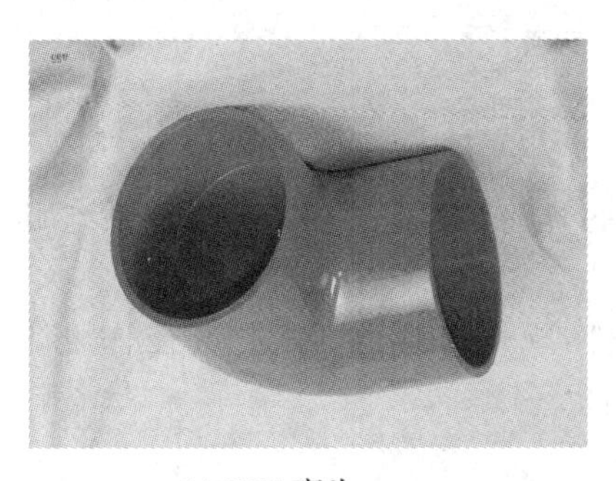

(a) PVC 弯头

(b) PE 弯头

图 3-3 弯头

(四)堵头

堵头是用来封闭管道末端的管件(图 3-4)。对于毛管在缺少堵头时也可以直接把毛管末端折转后扎牢。

(a) PE 堵头

(b) 按扣堵头

图 3-4 堵头

(五)旁通

旁通用于毛管与支管的连接(图 3-5),目前,毛管和支管的连接有多种不同方式,种类较多,应结合所采用毛管和支管合理地选配。与地埋聚氯乙烯支管连接,建议采用带橡胶密封圈的直插式旁通安装引管到地面后与滴灌管或滴灌带连接。与地面聚乙烯管连接滴灌带,建议采用螺纹压紧式接头与其相连接。国内一般情况下采用与聚乙烯管连接的旁通。

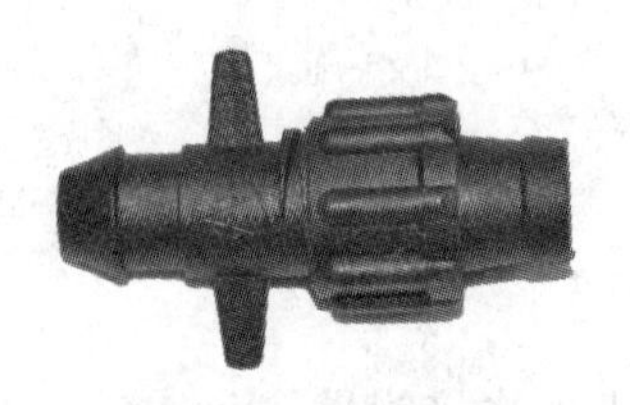

(a) 旁通(连接滴灌带)

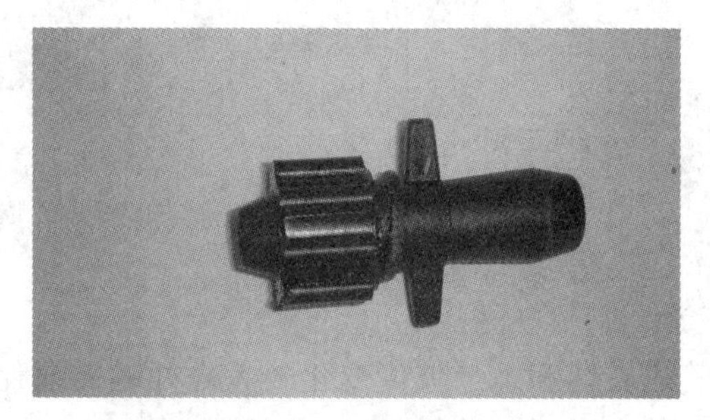

(b) 旁通(连接滴灌管)

图 3-5 旁通

(六)其他管件

除了上述主要管件,微灌系统中还需要一些管件作为连接件来为微灌系统服务。

1. 变径接头

用于滴灌系统中管径发生变化时的连接件,规格与管道匹配。变径管规格有:$\phi200\times160$,$\phi250\times160$,$\phi200\times160$,$\phi160\times110$ 等。见图 3-6。

2. PVC 承插直通

用于相同管径 PVC 管的连接,一般用于输水管道破损后连接。规格与管道规格一致。见图 3-7。

3. PVC 法兰

用于管道与管道相互连接或者管道与阀门之间的连接件。常用衬垫(法兰垫片)密封。见图 3-8。

图 3-6　变径接头

图 3-7　PVC 承插直通

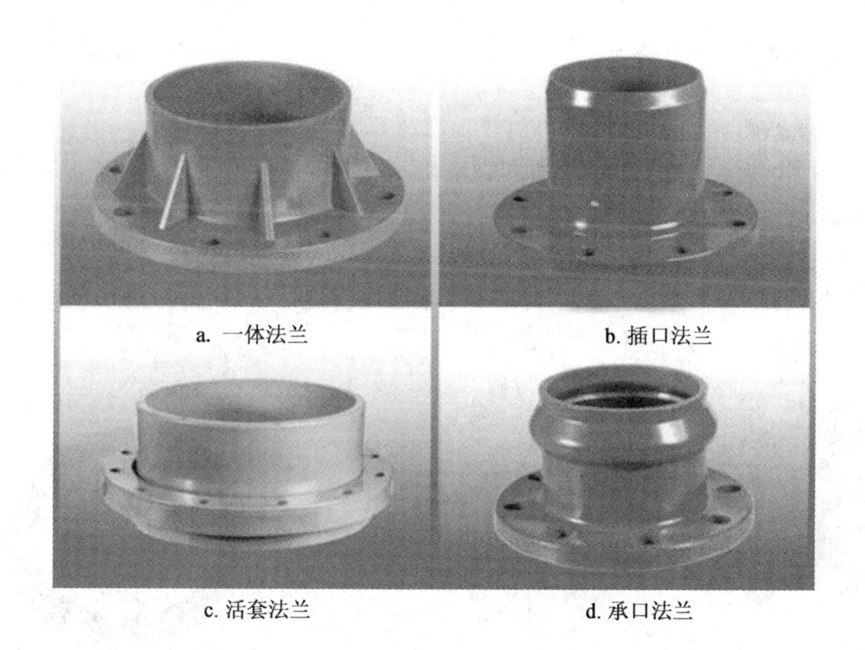

a. 一体法兰　b. 插口法兰

c. 活套法兰　d. 承口法兰

图 3-8　PVC 法兰

a. 一体法兰，主要用于给排水、环保、水处理等行业，一体式法兰适用于带腐蚀性介质传送管道，一端与管道通过胶水连接，另一端与法兰阀门连接。

b. 插口法兰，主要用于农业灌溉系统的供水管道，插口法兰一端与 PVC 管带 R 口端连接，另一端与带法兰管道或者阀门连接。

c. 活套法兰，使用范围与一体法兰相同，但活在一些大口径管道上安装时，由于一体法兰安装不便，选择用活套法兰。

d. 承口法兰，与插口法兰使用范围一致，法兰自身带 R 口，根据施工现场管道情况，与管道承插连接。

4. 球阀

PVC 球阀是一种 PVC 材质的阀门，主要用于截断或接通管路中的介质，亦可用于流体的调节与控制。常用规格有:ϕ110,ϕ90,ϕ63,ϕ75,ϕ50,ϕ40,ϕ32,ϕ25。见图 3-9。

5.增接口

用于地下管与出水栓的连接件,需要配止水胶垫使用。常用规格有:$\phi110\times63$,$\phi125\times63$,$\phi160\times63$,$\phi250\times63$,$\phi250\times75$ 等。见图 3-10。

图 3-9 PVC 球阀

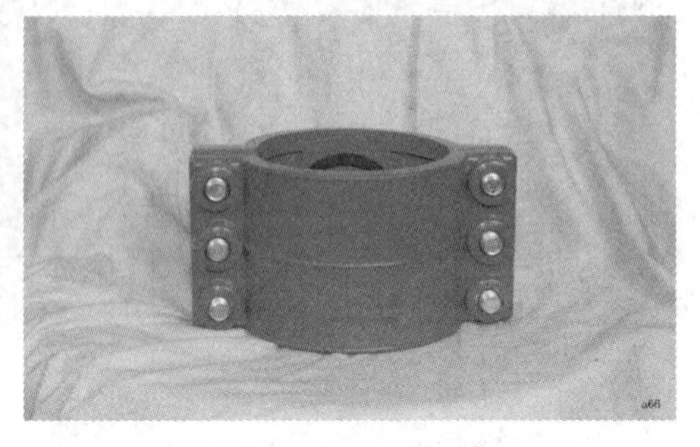

图 3-10 增接口

6.PE 承插直通

用于连接 PE 管道,需要止水胶圈和钢卡止水密封。常用规格有:ϕ125,ϕ110,ϕ90,ϕ63,ϕ75 等。见图 3-11。

7.胶圈

用于连接两根 PCV 管材,胶圈起连接、密封的作用,胶圈的规格与所连接的管道规格一致。见图 3-12。

图 3-11 PE 承插直通

图 3-12 胶圈

目前国产塑料管道主要有 3 种连接方式:预热承插方式(聚氯乙烯管),螺纹连接方式、套管粘接方式。半软性聚乙烯管,直径 80 mm 以下者目前均使用带倒刺的管件结构,采用内承插连接方式,直径 100 mm 者采用铸铁法兰与塑料管连接。而对于硬质聚乙烯管,则主要采用螺纹方式连接。

四、流量与压力调节装置

为了保证灌水均匀,必须调节管道中的压力和流量,因此需要在微灌系统中安装流量或压力调节器等装置。

(一)流量调节器

流量调节器主要是通过改变过水断面大小和形状来调节流量的。在正常工作压力时流量调节器中的橡胶环处于正常工作状态，通过的流量为所要求的流量；当水压力增加时，水压迫使橡胶环变形，过水断面变小，因此限制水流通过，使流量保持稳定不变，从而保证了微灌系统各级管网流量的稳定和灌水器流量的均匀度。

(二)压力调节器

压力调节器是用来调节微灌管道中水压使之保持在稳定状态(从而使管道中水流量保持稳定状态)的装置。如上所述，安全阀实际上也是一种特殊的压力调节装置。

(三)消能管

在微灌系统中需要经常调节流量和压力，如果都安装专门的流量和压力调节器，则会增加整个工程的投资，为此可以采用安装消能管的方法来调节支、毛管中的压力和流量，使它达到设计要求。所谓消能管(又称调压管)，就是在毛管进口处安装一段直径为 4 mm 的细塑料管(另一端与消能管接头连接，并通过消能管接头和一段毛管与安装在支管上的旁通连接)，其工作原理是利用小管径及相应长度的细管沿程摩阻消能来消除毛管进口处的多余压力，使进入毛管的水流保持在设计允许的压力状态。

第二节　滴灌灌水器的要求及种类

滴灌灌水器简称滴头。压力水流由毛管进入滴头，经过滴头的减压，以稳定、均匀的低流量施入土壤，逐渐润湿作物根层。一个滴灌系统的好坏，最终取决于滴头施水性能的优劣。因此，通常称滴灌灌水器——滴头为滴灌系统的心脏。

滴灌技术的进步是伴随滴灌灌水器的发展而发展的，它经历了一个从初级到高级、从落后到先进的发展过程。滴灌技术发展过程中涌现的灌水器种类十分繁多，各有其特点，适用条件也各有差异，相当一部分已逐渐被淘汰。滴灌灌水器的发展总趋势是：全紊流、大流道、低流量、补偿式、毛管和灌水器一体化；地下滴灌灌水器则在防止根系入侵和泥土进入和有效地进行冲洗方面进行更大突破。

一、滴灌灌水器的要求

①出流量小、均匀、稳定，对压力变化的敏感性小。滴灌是一种局部灌溉，要求地表不产生径流，因此滴头流量要小。一般情况下滴头流量随系统压力变化而改变，为保证滴头流量均匀稳定，要求滴头具有一定的调节能力，在滴头压力变化时引起的流量变化较小。

②抗堵塞性能好。抗堵塞性能好的滴头，不但能够保证系统运行的可靠性，而且可以简化过滤装置结构，降低水质处理所需的高昂费用。

③结构简单，便于制造、铺设和安装。

④价格低廉。滴灌带占滴灌系统总投资的 30%～40%。滴灌产品的用户是农民，中国农村经济相对落后，农业产值较低，农民的经济承受能力较弱，因此只有开发价格低廉，农民用得起的产品才有推广前景。

⑤制造精度高。滴头灌水均匀度除受系统压力影响外，还受制造精度的影响。如果制造偏差大，无论采用哪种措施，都很难保证滴头出水的均匀性。

二、滴灌灌水器的种类

由于灌水器的种类较多，其分类方法也不相同，考虑到实用性，本书只介绍目前生产上大量使用、技术先进、工作可靠的一次性塑料薄壁滴灌带，其各项性能参数如表3-5至表3-8所示。

表3-5　滴灌带(管)压力等级分类表

类别	1	2	3	4
额定工作压力/MPa	0.1	0.12	0.14	0.16

表3-6　公称内径及极限偏差表　　mm

公称内径	12	16	18	20
极限偏差	±0.46	±0.50	±0.54	±0.60

表3-7　公称壁厚及极限偏差　　mm

公称壁厚	0.16	0.18	0.20	0.22	0.24
极限偏差	+0.04 −0.02	+0.06 −0.02	+0.06 −0.02	+0.08 −0.02	+0.08 −0.02

表3-8　每卷段数和每段长度

项目	每卷段数/段	每段长度/m
指标	≤2	≥200

1. 管上补偿式滴头

管上补偿式滴头是安装在毛管上并具有压力补偿功能的灌水器。它的优点是安装灵活，能自动调节出水量和自清洗，出水均匀性高，但制造复杂，价格较高。

2. 内镶式滴灌管

内镶式滴灌管是将滴头与毛管制造成一个整体，兼具配水和滴水功能的管称为滴灌管。在毛管制造过程中，将预先制造好的滴头镶嵌在毛管内的滴灌管称为内镶式滴灌管。内镶滴头有两种，一种是片式，一种是管式，见图3-13。内镶式滴灌带采用迷宫式流道，具有一定的压力补偿作用，滴头间距可根据用户要求而定，广泛用于温室、大田、园林、果树等滴灌工程，其技术规格参数见表3-9：

表3-9　内镶式滴灌带技术规格表

<table>
<tr><th>公称外径</th><th>公称壁厚
/mm</th><th>滴头间距
/m</th><th>额定流量
/(L/h)</th><th>工作压力
/MPa</th><th>铺设长度
/m</th></tr>
<tr><td>12</td><td>0.16,0.2</td><td rowspan="4">0.1～1.5</td><td>0.8,1.38</td><td rowspan="4">0.06～0.1</td><td>90～150</td></tr>
<tr><td rowspan="2">16</td><td rowspan="2">0.3,0.4</td><td rowspan="2">2.0,3.0</td><td>80～130</td></tr>
<tr><td>70～120</td></tr>
<tr><td>20</td><td>0.5,0.6</td><td>3.5</td><td>60～100</td></tr>
</table>

注：滴头间距可根据用户需求在0.1～1.5 m内任选，滴头流量可由供需双方商定。

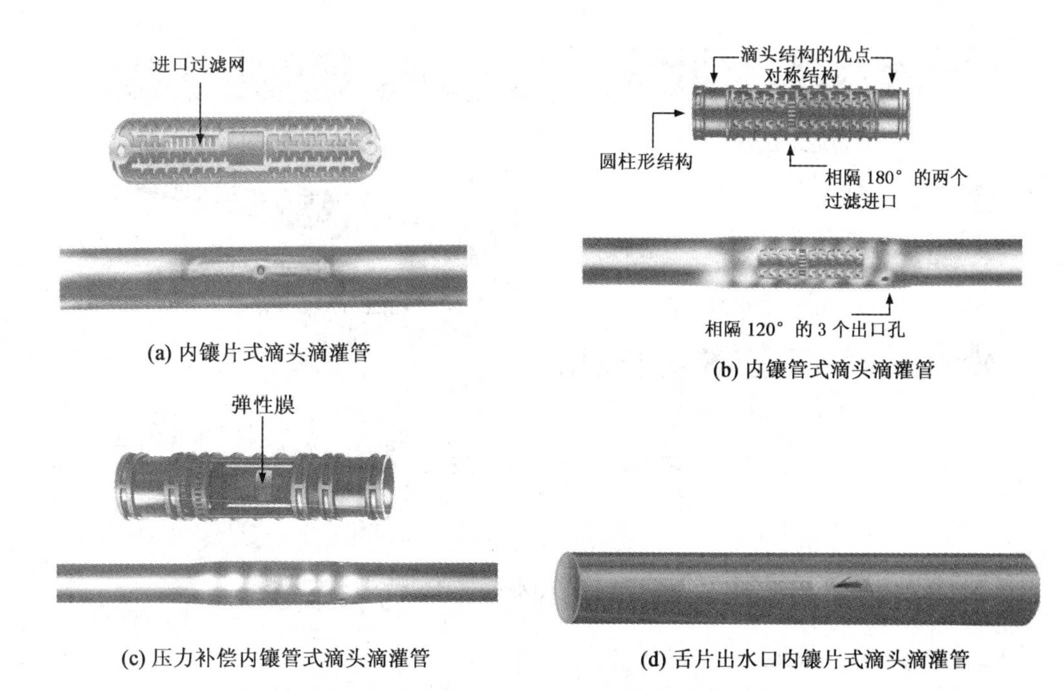

(a) 内镶片式滴头滴灌管

(b) 内镶管式滴头滴灌管

(c) 压力补偿内镶管式滴头滴灌管

(d) 舌片出水口内镶片式滴头滴灌管

图 3-13　不同形式的内镶式滴灌管

3. 薄壁滴灌带

目前，国内外大量使用、性能较好的薄壁滴灌带有多种。有边缝式滴灌带、中缝式滴灌带、内镶贴片式滴灌带等，见图 3-14。滴灌管和滴灌带的主要区别是管壁厚度的不同，壁厚呈管状者为滴灌管；壁薄呈带状者为滴灌带。滴灌带也有专门用于地下滴灌系统的，也有压力补偿和非压力补偿之分，其技术参数见表 3-10。

表 3-10　单翼迷宫式滴灌带技术规格表

规格	内径/mm	壁厚/mm	滴孔间距/mm	公称流量/(L/h)	滴头工作压力/MPa	滴头流量计算公式 Q/(L/h)，H/m
200-2.5	16	0.18	200	2.5	0.05～0.1	$Q=0.638H^{0.582}$
300-1.8	16	0.18	300	1.8	0.05～0.1	$Q=0.411H^{0.615}$
300-2.1				2.1		$Q=0.502H^{0.607}$
300-2.4				2.4		$Q=0.592H^{0.594}$
300-2.6				2.6		$Q=0.653H^{0.600}$
300-2.8				2.8		$Q=0.717H^{0.589}$
300-3.2				3.2		$Q=0.780H^{0.596}$
400-1.8	16	0.18	400	1.8	0.05～0.1	$Q=0.415H^{0.634}$
400-2.5				2.5		$Q=0.641H^{0.607}$

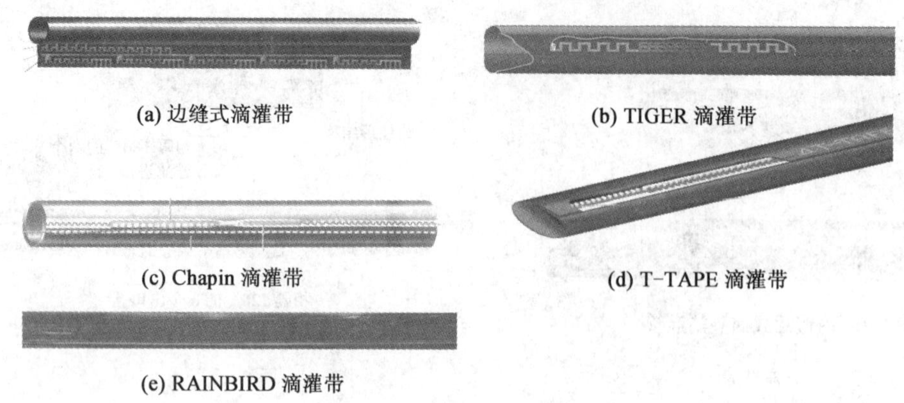
(a) 边缝式滴灌带　(b) TIGER 滴灌带　(c) Chapin 滴灌带　(d) T-TAPE 滴灌带　(e) RAINBIRD 滴灌带

图 3-14　各种形式滴灌带

第三节　涌泉灌的特点及材料设备

涌泉灌溉是通过安装在毛管上的涌水器形成的小股水流，以涌泉方式湿润作物附近土壤的一种灌溉形式，也称为小管出流灌溉。涌泉灌溉的流量比滴灌和微喷灌大，一般都超过土壤的入渗速度。为了防止产生地表径流，需要在涌水器附近挖一小水坑或渗水沟以分散水流。涌泉灌溉尤其适合果园和植树造林林木的灌溉。

一、涌泉灌的特点

涌泉灌具有以下特点：

①堵塞问题小，水质净化处理简单。过滤器只需要 60～80 目/英寸(1 英寸＝254 cm)即可，冲洗次数少，管理简单。

②省水效果好，比地面灌省水 60%以上。

③灌溉水为射流状出流，地面有水层，需要相应的田间配套工程使水流集中于作物主要根区部位。

④浇地效率高，劳动强度小，一个劳力 2 h 可浇 15 亩地 450 棵树，每棵树浇 100 L 水。

⑤管理方便、运转费用低，由于管网全部埋于地下，小管也随之埋于地下，只露出 10～15 cm 的出水口，做好越冬的保护，全部设备不会受自然力和人为的破坏，维修费少。另外，小管出流灌溉的工作水头较低、耗电量少，运行费用低。

二、涌泉灌材料设备

1. 涌泉灌溉系统的组成

涌泉灌溉系统的组成　涌泉灌溉系统有水源工程、首部枢纽、输配水管网和灌水器以及各种田间工程组成。水源、首部和输配水管网与滴灌、微喷的类似，包括水泵、动力机、过滤器、施肥装置、压力调节装置、量测设备和干、支、毛各级管道。

2. 灌水器及其性能

涌泉灌灌水器采用内径为 3 mm、4 mm、6 mm 的 PE 塑料管及管件组成，呈射流状出流，为使水流集中于作物主要根区部位，需要相应的田间配套工程，其形式有绕树环沟、存水树盘，顺流格沟和麦秸覆盖等形式。

3. 管材及管件选择

涌泉灌溉水源工程、首部枢纽和系统管网布置及材料与其他微灌基本相同，可参阅其他微灌系统。

第四节　渗灌的类型及渗灌管的技术参数

一、渗灌的概念与类型

(一)概念

渗灌是利用埋在地下的渗水管，将压力水通过渗水管管壁上肉眼看不见的微孔，由内向外呈发汗状渗出，再借助毛细管作用自下而上湿润土壤的灌溉方法。

渗灌管是利用废旧橡胶轮胎粉末、PVC 塑料粉及发泡剂等掺和料混合后，经发泡、抗紫外线和防虫咬等特殊技术工艺处理挤压成型的管壁上具有大量出水微孔的灌水器。渗灌管一般被埋入地下 30 cm 左右，工作时，进入渗灌管中的水流经管壁上微孔缓慢流入土壤进行灌溉。如图 3-15 所示。

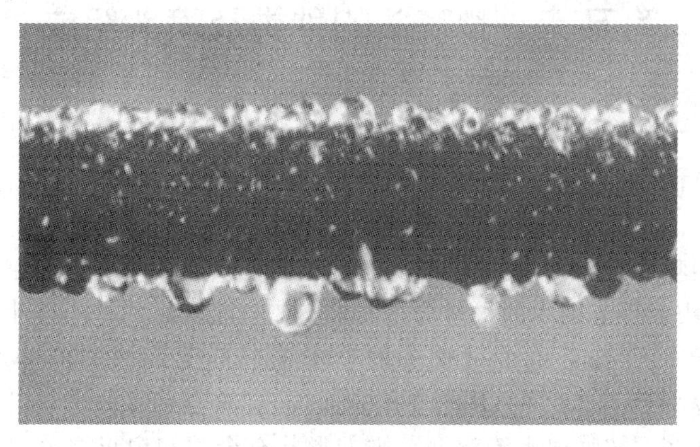

图 3-15　渗灌管

渗灌的主要优点是：①灌水后土壤仍保持疏松状态，不破坏土壤结构，不产生土壤表面板结，为作物能提供良好的土壤水分状况；②地表土壤湿度低，可减少地面蒸发；③管道埋入地下，可减少占地，便于交通和田间作业，可同时进行灌水和农事活动；④灌水量省，灌水效率高；⑤能减少杂草生长和植物病虫害；⑥渗灌系统流量小，压力低，故可减小动力消耗，节约能源。

渗灌存在的主要缺点是：①表层土壤湿度较差，不利于作物种子发芽和幼苗生长，也不利于浅根作物生长；②投资高，施工复杂，且管理维修困难；一旦管道堵塞或破坏，难以检查和修理；③易产生深层渗漏，特别对透水性较强的轻质土壤，更容易产生渗漏损失。

(二)渗灌的类型

(1)地下水浸润灌溉

它是利用沟渠网及其调节建筑物,将地下水位升高,再借毛细管作用向上层土壤补给水分,以达到灌溉目的。灌溉时关闭节制闸门,使地下水位逐渐升高至一定高度,向上浸润土壤。平时则开启闸门,使地下水位下降到原规定的深度,以防作物遭受渍害,使土壤水分保持在适于作物生长的状态。

(2)地下渗水暗管(或鼠洞)灌溉

通过埋设于地下一定深度的渗水暗管(鼠洞),使灌溉水进入土壤,并主要借毛细管作用向四周扩散运移,进行灌溉。

二、渗灌管的技术参数

渗灌管技术参数见表3-11。

表3-11 渗灌管技术参数

产品名称	内径/mm	壁厚/mm	流量/[L/(m·h)]	工作压力/MPa	规格/(m/卷)	重量/(kg/卷)	最大铺设长度/m
渗灌管	13	1.5	5	0.06	100	10	200

第五节 微喷头的种类及喷头组成

一、微喷头的种类

微喷头即微型喷头,作用与喷灌的喷头基本相同。只是微喷头一般工作压力较低,湿润范围较小,对单喷头射程范围内的水量分布要求不如喷灌高。其外形尺寸在0.5~10 cm之间,喷嘴直径小于2.5 mm,单个微喷头的喷水量一般不超过300 L/h,工作压力小于300 kPa,射程一般小于7 m。多数用塑料压制而成,有的也有部分金属部件。其种类繁多,据统计达数千种之多。按喷射水流湿润范围的形状有全圆和扇形之分,按结构形式有固定式和移动式之分。固定式微喷头与固定式喷头相近,有射流旋转式、折射式、离心式和缝隙式4种。

(1)射流旋转式微喷头

一般由旋转折射臂、支架、喷嘴3个零件构成,如图3-16所示。水流从喷水嘴喷出后,集中成一束向上喷射到一个可以旋转的单向折射臂上,折射臂上的流道形状不仅可以使水流按一定喷射仰角喷出,而且还可以使喷射出来的水舌反作用力对旋转轴形成一个力矩,从而使喷射出来的水舌随着折射臂作快速旋转。其特点是有效湿润半径较大,喷水强度较低,水滴细小,由于有运动部件加工精度要求较高,并且旋转部件容易磨损,因此,使用寿命较短。

(2)折射式微喷头

折射式微喷头的主要部件有喷嘴、折射锥和支架,如图 3-17 所示。水流由喷嘴垂直向上喷出,遇到折射锥即被击散成薄水膜沿四周射出,在空气阻力作用下形成细微水滴散落在四周地面上。折射式微喷头又称为雾化微喷头。折射式微喷头的优点是结构简单,没有运动部件,工作可靠,价格便宜。缺点是由于水滴太微细,在空气十分干燥、温度高、风大的地区,蒸发漂移损失大。

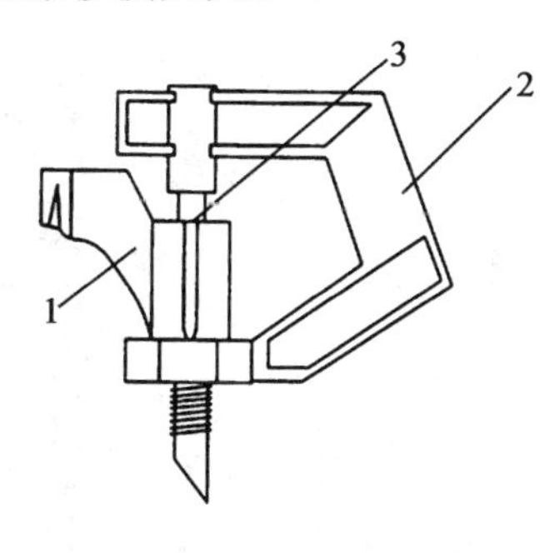

1. 旋转折射臂　2. 支架　3. 喷嘴

图 3-16　射流旋转式喷头

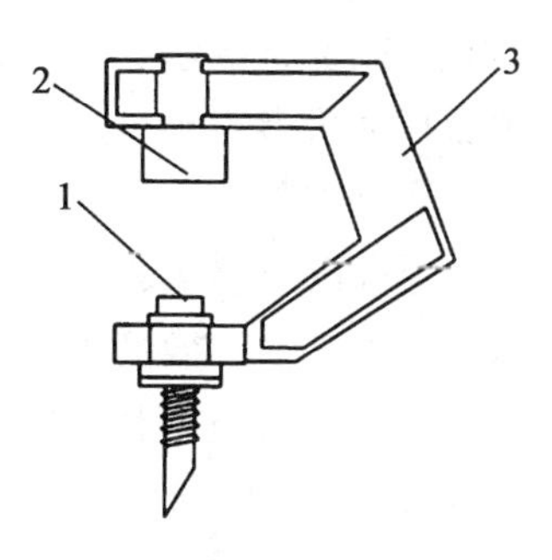

1. 喷嘴　2. 折射锥　3. 支架

图 3-17　折射式微喷头

(3)离心式微喷头

离心式微喷头的结构外形如图 3-18 所示。它的主体是一个离心室,水流从切线方向进入离心室,绕垂直轴旋转,通过处于离心式中心的喷嘴射出的水膜同时具有离心速度和圆周速度,在空气阻力的作用下水膜被粉碎成水滴散落在微喷头的四周。这种微喷头的特点是工作压力低,雾化程度高,一般形成全圆的湿润面积,由于在离心室内能消散大量能量,所以在同样流量的条件下,孔口较大,从而大大减少了堵塞的可能性。

(4)缝隙式微喷头

缝隙式微喷头的结构外形如图 3-19 所示。水流经过缝隙喷出,在空气阻力作用下,裂散成水滴的微喷头,一般由两部分组成,下部是底座,上部是带有缝隙的盖。

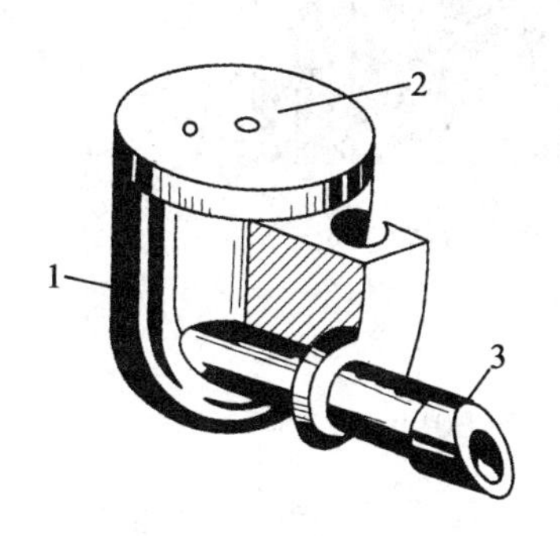

1. 离心室　2. 喷嘴　3. 接头

图 3-18　离心式微喷头

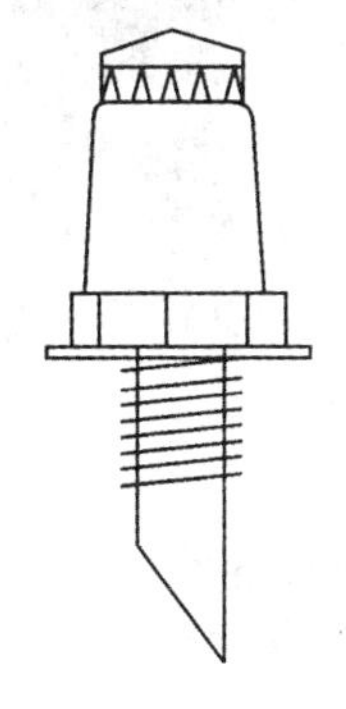

图 3-19　缝隙式微喷头

二、微喷头组成

按应用场合分为地面扦插式微喷头和悬挂式微喷头。地面扦插式微喷头多用于露天的草坪、花卉等景观；悬挂式微喷头安装防渗漏微型阀，可用于倒悬时，可以防滴漏，适用于各种硬度的水质，使用寿命长，适用于大棚灌溉、苗圃育苗、果树灌溉、园林草坪、庭院绿化、花卉、增加室内湿度、雾化降温。

(一)地面扦插式微喷头

微喷头有多种安装使用方式，可用螺纹直接固定在输水支管(PE)上，也可以组装成组合体后再与输水支(毛)管连接。下面以常用的扦插式微喷头为例。

地面扦插式微喷头组合体(图 3-20，图 3-21)，一般由以下 7 个部分构成。

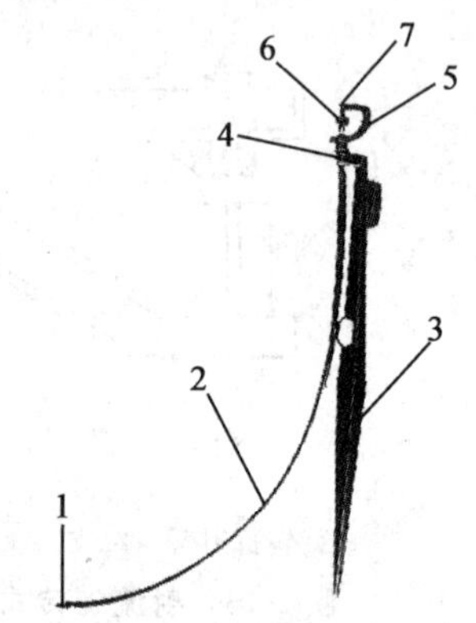

1.接头　2.连接管　3.支撑杆　4.转换接头
5.喷头体　6.喷嘴　7.分流器

图 3-20　地面扦插式微喷头

1. 接头

用于微喷头引水管与地面(或地下)毛管的连接(一般规格直径为 4 mm)。

2. 连接管

用于将水从毛管引至微喷头，一般规格直径(内径)为 4 mm 或略粗，通常用聚氯乙烯、聚乙烯添加防老化材料制成。

图 3-21　地面扦插式微喷头喷水情况

3. 支撑杆

用于将微喷头支撑在地面以上一定高度(一般为 35～50 cm)。

4. 转换接头

用于将微喷头与支撑杆、连接管连接在一起的接头。

5. 喷头体

喷头体往往是一个综合部件，可起连接支撑杆、连接管，以及固定喷嘴和分流器的作用。

6.喷嘴

喷嘴是微喷头的关键部件，过去有些产品往往将其做成喷头体的一部分，以降低造价，但近几年来微喷头研制开发的成果表明，将喷嘴单独做成一个零件更为合理。一方面，可以选用高标准的材料，保证微喷头长期使用过程中保持基本不变的水力性能；另一方面，不同喷嘴之间可灵活更换，更加方便不同情况的应用。

7.分流器

分流器是改变水流方向或同时产生水束旋转作用的零件。分为旋转分流器（用于旋转式微喷头）和固定分流器（用于折射式微喷头）。

（二）悬挂式微喷头

悬挂式微喷头组合体与地面扦插式微喷头组合体不同的是没有支撑杆，而增加了重锤管，有时为了防止停灌后，管内余水由悬挂式微喷头滴出，还可以在微喷头前选装防滴器（图3-22，图3-23）。

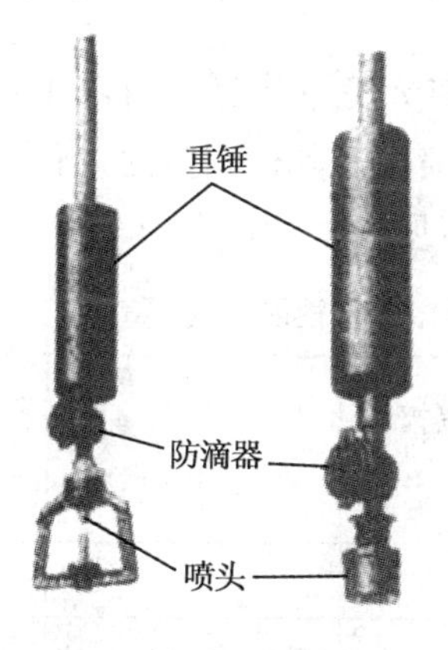

图 3-22 悬挂式微喷头

图 3-23 悬挂式微喷头应用于花卉

第六节 微喷带种类及配件

一、微喷带的种类

微喷带又称多孔管、喷水带、喷灌带、微喷灌管，是在可压扁的塑料软管上采用机械或激光直接加工出水小孔，进行滴灌或微喷灌的节水灌溉设备。将每组 3 个出水孔、5 个出水孔或更多出水孔的微喷带直接铺设在地面，直射在空中的水流就能形成类似细雨的微喷灌效果。或将每组单个出水孔或双出水孔的喷水带铺设在地膜下，水流在地膜的遮挡下就能形成滴灌效果，见图 3-24。用途：多种蔬菜、花卉、苗圃、草坪、果树、小麦等作物，也用于大棚降温、场所防尘，效果也很好。

(a)微喷带

(b)微喷带喷水情况

图 3-24 微喷带

从用途上多孔管一般多孔式滴灌带、多孔式喷水带两大类。从每组出水小孔的数量上则可分为单孔式滴灌带、双孔式滴灌带、3 孔喷水带、5 孔喷水和其他孔数的多孔式喷水带。

新疆天业节水灌溉股份有限公司生产供应的微喷带,见表 3-12。

表 3-12 新疆天业节水灌溉股份有限公司微喷带性能参数

规格		工作压力/MPa	壁厚/mm	散水宽幅/m	流量/[L/(h·m)]	每卷长度/m
直径/mm	折径/mm					
32	50	0.02	0.2	0~3	20~40	200
		0.04	0.24	0~6	30~60	200
		0.06	0.3	0~8	30~60	200

河北润田节水设备有限公司生产供应的微喷带产品主要有:折径 32 mm、折径 35 mm、折径 40 mm、折径 50 mm、折径 63 mm 的微喷带,见表 3-13。

表 3-13 河北润田节水设备有限公司微喷带性能参数

产品规格	壁厚/mm	承压/kg	喷幅/m	铺设长度/m
折径 32 mm	0.2~0.3	0.3~0.4	1.0	<50
折径 35 mm	0.2~0.3	0.3~0.4	1.0	<50
折径 40 mm	0.2~0.3	0.3~0.4	1.0	<50
折径 45 mm	0.2~0.3	0.4~0.6	1.5~3	<50
折径 50 mm	0.2~0.3	0.4~0.6	1.5~3	<50
折径 65 mm	0.2~0.3	0.4~0.6	1.5~3	<50
折径 80 mm	0.25~0.6	0.6~1.0	3.0~5.0	<80

山东莱芜市金雨达塑胶有限公司生产供应的微喷带产品主要有:折径 50 mm、折径

63 mm、折径 80 mm、折径 100 mm、折径 120 mm 的微喷带，见表 3-14。

表 3-14　山东莱芜市金雨达塑胶有限公司微喷带性能参数

规格		壁厚/mm	孔口间距/cm	孔口形式	流量/[m³/(h·10 m)]	铺设长度/m	喷洒宽幅/m	标准件/(m/件)
折径/mm	直径/mm							
50	$\phi32$	0.2	30	斜五孔	1.65	50	3	200
63	$\phi40$	0.2	30	斜五孔	1.65	80	4	200
80	$\phi50$	0.3	50	斜七孔	1.40	100	5	150
100	$\phi63$	0.3	50	斜七孔	1.10	120	6	150
120	$\phi75$	0.4	60	斜九孔	1.08	150	7	100

芜丰田节水器材有限公司生产供应的微喷带产品主要有：折径 50 mm、折径 65 mm、折径 80 mm、折径 100 mm、折径 140 mm 的微喷带，见表 3-15。

表 3-15　芜丰田节水器材有限公司微喷带性能参数

规格		壁厚/mm	孔口间距/cm	孔口形式	流量/[m³/(h·10 m)]	铺设长度/m	喷洒宽幅/m	标准件/(m/件)
折径/mm	直径/mm							
50	$\phi32$	0.2	30	斜五孔	1.65	50	3	200
65	$\phi40$	0.2	30	斜五孔	1.65	80	4	200
80	$\phi50$	0.3	50	斜七孔	1.40	100	5	150
100	$\phi63$	0.3	50	斜七孔	1.40	150	6	150
140	$\phi90$	0.3	80	斜九孔	1.08	200	7	150

二、微喷带的配件

微喷带常用的连接管件有微喷带旁通、微喷带直通、微喷带外牙四通、微喷带三通等管件，微喷带与 PE 管材主管道相连可以同时铺设多条使用，见图 3-25。

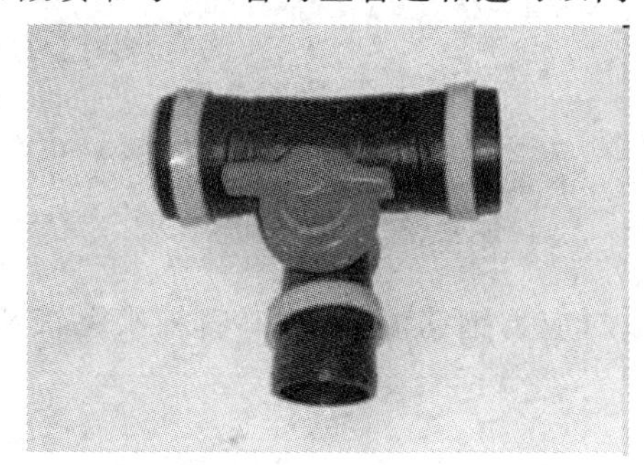

(a)三通

(b)四通

图 3-25　微喷带连接管件

第四章 喷灌系统管网及灌水器

第一节 喷灌用管道与连接件

一、喷灌用管道与连接件的要求

1. 能承受设计工作压力和设计流量

对于喷灌而言，一般系统设计压力相对较高，因此对管材的承压能力要求就较高，只有管道质量符合相关标准要求，能达到标准的承压能力及过水流量，喷灌系统才能正常运行，这样才能保证安全的输配水，否则将造成不必要的损失。

2. 耐腐蚀抗老化

喷灌系统的主管道一般要埋在地面以下很多年，耐腐蚀及抗老化性要好，耐腐不好将给系统的后期运行造成不必要的麻烦及经济损失。

3. 价格经济

由于管道在整个喷灌系统设备投资比例相对较大，因此在选择管道的时候，要尽可能选择符合设计标准且经济实用的管道。

4. 轻便、便于施工安装

目前大部分应用的喷灌系统是移动式管道，由于经常需要移动，除了满足一般要求外，还必须轻便，容易拆装，耐磨，耐撞击等。

二、喷灌管道的种类

管道是喷灌系统的主要组成部分，按使用条件可分为固定管道系统和移动管道系统两类。

1. 固定式管道

喷灌常用的固定管道有铸铁管、钢管、预应力或自应力钢筋混凝土管、石棉水泥管及塑料管等。

(1)铸铁管

铸铁管是用铸铁浇铸成型的管子，其优点是承受内水压力大，一般可承受1 MPa左右的压力，其工作可靠，使用寿命长；缺点是管壁厚，重量大，不能承受较大的动荷载，接头较多，增加施工难度；在长期输水后管壁容易锈蚀，使内径变小，阻力逐渐加大，从而降低过水能力。按铸造方法不同，铸铁管可分为连续铸铁管和离心铸铁管，其中，离心铸铁管又分为砂型和金属型两种。按材质不同分为灰口铸铁管和球墨铸铁管。按接口形式不同分为柔性接口、法兰接口、自锚式接口、刚性接口等。其中，柔性铸铁管用橡胶圈密封；法兰接口铸铁管用法兰固定，内垫橡胶法兰垫片密封；刚性接口一般铸铁管承口较大，直管插入后，用水泥密封，此工艺现已基本淘汰。

连续灰口铸铁管的公称口径为75～1 200 mm。直管长度有4 m、5 m及6 m；按壁厚不同分LA、A和B三级。砂型离心灰口铸铁管的公称口径为200～1 000 mm，有效长度有5 m及6 m；按壁厚不同分P、G两级。强度大、韧性好、管壁薄、金属用量少、能承受较高的压力。

球墨铸铁管的公称口径为80～2 200 mm，与灰口铸铁管相比，强度大、韧性好、管壁薄、金属用量少、能承受较高的压力，有效长度有5 m、6 m及8 m；按壁厚不同分P、G两级。是铸铁管材的发展方向。

连续铸铁管外形尺寸及参数参照GB/T 3422—2008，砂型离心铸铁管外形尺寸及参数参照GB/T 34221—1982 球墨铸铁管参照标准：GB/T 13295—2007，铸铁管实物见图4-1。

图4-1 铸铁管

(2)钢管

钢管的优点是能承受较大的压力(可承压1.5～6.0 MPa)，与铸铁管相比，韧性强，能承受荷载，管壁较薄，管段长而接头少，铺设安装方便。缺点是价格高，使用寿命短，易腐蚀，因此埋在地下的钢管表面应涂有良好的防腐层。常用的钢管有焊接钢管和无缝钢管两种，焊接钢管又分为镀锌钢管(白铁管)和非镀锌钢管(黑铁管)，规格及参数见附录三。

(3)钢筋混凝土管

钢筋混凝土管有自应力钢筋混凝土管和预应力钢筋混凝土管两种，可以承受400～700 kPa工作压力，其优点是节省钢材和生铁，而且不会因腐蚀使输水性能降低，使用寿命长；缺点是质脆、自重大，运输不便，价格较高，混凝土管见图4-2。

图4-2 混凝土管

(4)石棉水泥管

石棉水泥管是用75%～85%的水泥与15%～25%的石棉纤维混合后，经制管机卷制而成，承压力在0.6 MPa以下。其优点是价格比较便宜，重量较轻；输水能力较稳定；可加工性能好，耐腐蚀，使用寿命长。缺点是性脆、怕摔、撞击、在运输中易损坏，质量不均匀，需取较大的安全系数，横向拉伸强度低，在温度作用下易产生环向断裂，成套性差，安装施工麻烦等。石棉水泥管规格型号参数参照标准GB/T 3039—1994。

(5)塑料管

喷灌常用的塑料管有硬聚氯乙烯(PVC-U)管、聚乙烯(PE)管和聚丙烯管,硬聚氯乙烯管承插管的使用最为普遍,管道承压能力一般为 0.25～1.25 MPa,聚乙烯(PE)管按树脂级别分为低密度聚乙烯(LDPE、LLDPE 或两者混合)和 PE63 级、PE80 级三类。塑料管的优点是耐腐蚀,使用寿命长,重量轻,内壁光滑、水力性能好,施工容易,能适应一定的不均匀沉陷等,缺点是低温性脆,已老化,但埋于地下老化程度慢。塑料管的连接方式有刚性和柔性两种连接方式。刚性连接有法兰连接、承插连接、粘接和焊接等,柔性连接多为在管的扩口处放止水胶圈的承插式连接,塑料管的性能参数在第二章微灌系统已经提到,在此不再叙述,塑料管实物见图 4-3。

图 4-3 塑料管

2.移动式管道

移动式管道由于经常移动,除了满足喷灌的一般要求外,还要轻便、拆装方便、耐磨、耐撞击,能经受风吹日晒。常用的移动式管道有镀锌薄壁钢管、薄壁铝管和涂塑软管等。

(1)镀锌薄壁钢管

镀锌薄壁钢管重量较轻而强度较高,能经受碰撞,防蚀耐磨,使用寿命较长, 但目前国产镀锌薄壁钢管镀锌工艺不太过关,镀层不均匀,易腐蚀,故目前使用较少,实物见图 4-4。

图 4-4 镀锌薄壁钢管

(2)薄壁铝管

薄壁铝管的优点是重量轻，能承受较大工作压力；韧性强，不易断裂；耐酸性腐蚀，内壁光滑，水力性能好；一般可使用 15 年左右。其缺点是价格较高，抗冲击力差，怕砸、怕摔；耐磨性不及钢管，不耐强碱性腐蚀，实物见图 4-5。

图 4-5　薄壁铝管

(3)涂塑软管

用于喷灌的涂塑软管主要有锦纶涂塑软管和维纶涂塑软管。涂塑软管重量轻，便于移动，价格低，但易老化，不耐磨，怕扎，怕压折，一般可使用 2～3 年。输水涂塑软管主要性能参数可参照中华人民共和国机械行业标准 JB/T 8512—1996，实物见图 4-6。

图 4-6　涂塑软管

三、喷灌管道连接件的种类

按照喷灌管道常用管材分类主要有钢管连接件、塑料管连接件及薄壁铝管连接件 3 种。

1. 钢管连接件

钢管的连接方法一般由焊接、螺纹连接和法兰连接。水、煤气用钢管管件品种规格齐全，容易买到，可用于固定管的连接。

2. 塑料管连接件

PVC-U 及 PE 管道常用的管件有正三通、异径三通、套管、弯头、堵头、变径接头、法兰、球阀等，如图 4-7 所示；PE 管连接有插入式、热熔焊接和螺纹连接等方式，与 PE 管材配套的管件各成系列，不同规格的各种管件有数百种。

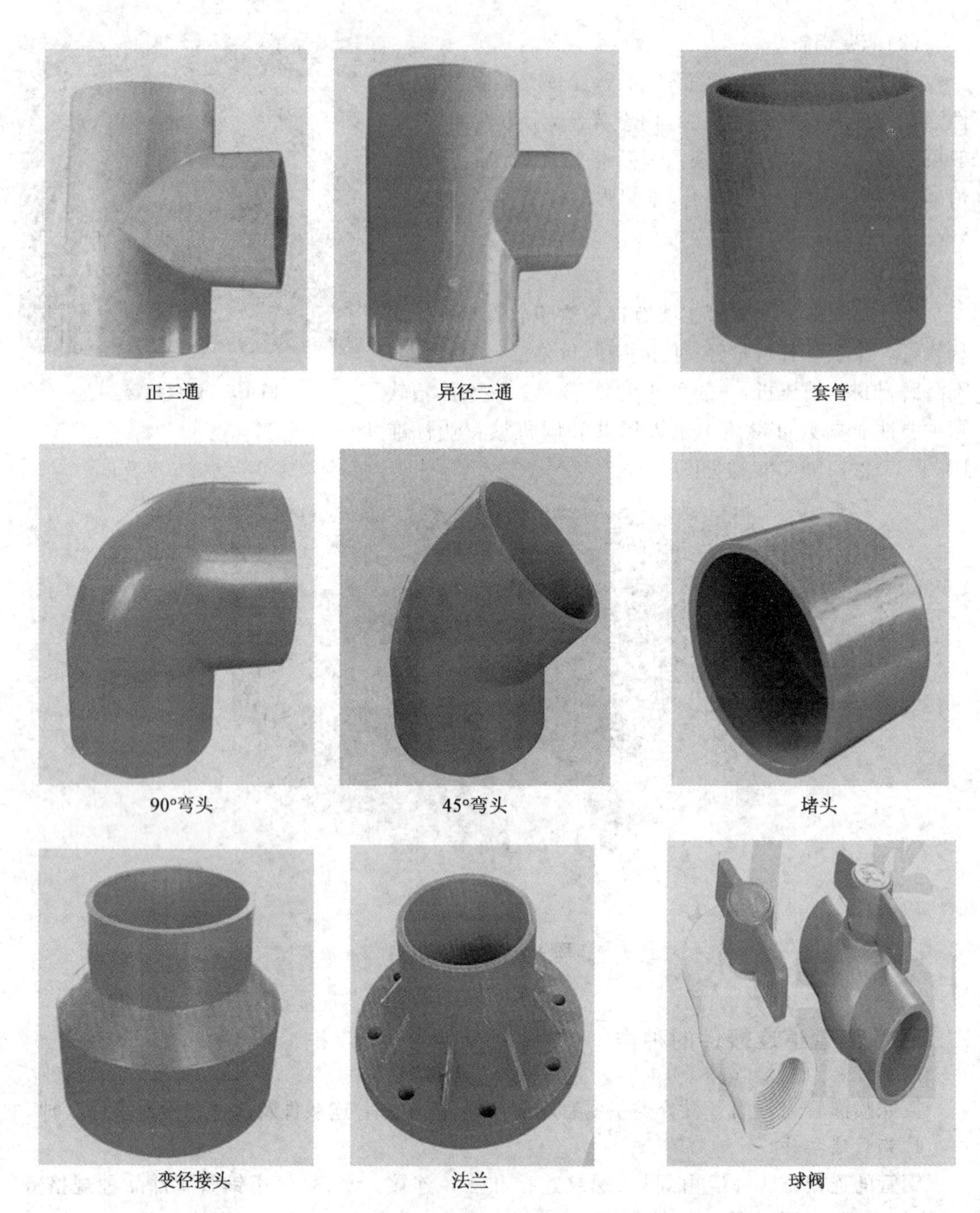

图 4-7　塑料管道常用管件实物图

3. 薄壁铝管连接件

薄壁铝管配套管件有截阀体与截阀体开关、公接头、三通头、直通、堵头、左右变头、丁字三通、方便体、母接头、四通、三通等。如图 4-8 所示：

阀体

阀体开关

公接头

铝管三通头

铝管直通

铝管堵头

左右变头

“丁”字三通

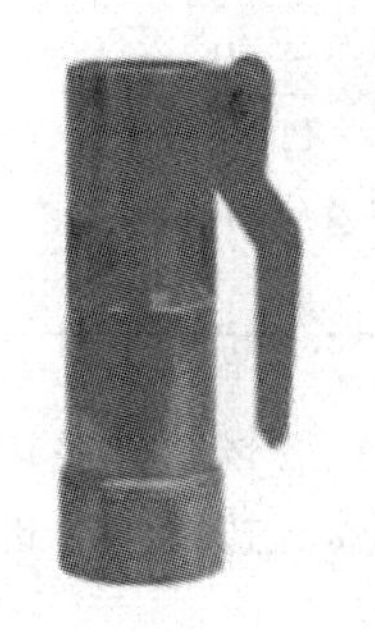

方便体

母接头

四通

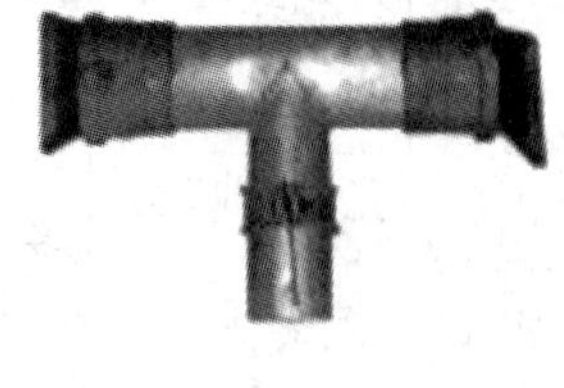

三通

图 4-8　薄壁铝管管件

第二节　喷头的种类及性能

喷头是喷灌系统最重要的部件，压力水经过它喷射到空中，散成细小水滴并均匀散落到它所控制的灌溉面积上。喷头性能的好坏以及对它的使用是否妥当，将对整个喷灌系统或喷灌机的喷洒质量、经济性和工作可靠性等起着决定性作用。

一、喷头的种类

喷头的种类很多，可按工作压力、结构形式、安装位置等进行分类，但这些分类是相互关联及融合的。

(一)按工作压力和射程分类

喷头按工作压力高低可分为高压喷头、中压喷头和低压喷头 3 种。如表 4-1 所示：

表 4-1　喷头分类

项目	高压	中压	低压
工作压力/MPa	＞500	200～500	＜200
射程/m	＞40	15.5～40	＜15.5
流量/(m^3/h)	＞32	2.5～32	＜2.5
特点及应用范围	喷洒范围大，水滴打击强度大，用于喷洒大田作物及牧草等	喷洒强度适中，使用范围广，果园、草地、经济作物均可使用	射程近、水滴打击强度低，用于草坪、温室、苗圃等

(二)按结构形式和喷洒特征分类

喷头按结构形式及喷洒特征分为固定式、旋转式和孔管式喷头。

- 喷头
  - 漫射式喷头(固定式)
    - 折射式喷头
    - 缝隙式喷头
    - 离心式喷头
  - 射流式喷头(旋转式)
    - 摇臂式喷头
    - 反作用式喷头
    - 叶轮式喷头(蜗轮蜗杆式)
  - 孔管式喷头
    - 单列单向喷头
    - 多列多项喷头

1. 固定式喷头

固定式喷头是指喷洒时，其零部件无相对运动的喷头，其所有部件都固定不动，这类喷头在喷洒时，水流以全圆或扇形同时向外四周散开，水流分散，射程小(5～10 m)，它的特点是结构简单、工作压力低、水滴细小；距喷头近处喷灌强度比平均喷灌强度大，一般雾化程度较高，多数喷头水量分布不均匀，多用于温室、园艺、苗圃或装在行走喷洒的喷灌机上使用。

根据固定式喷头的结构和喷洒特征，可分成折射式、缝隙式和离心式喷头。目前，应用较多的固定式喷头是折射式，缝隙式和离心式已经很少用。

(1)折射式喷头

折射式喷头可使喷嘴射出的水流，射到散水锥上被击散成薄水层向四周折射，是一种结构简单，没有运动部件的固定式喷头。这种喷头材质多为塑料，少部分是铜质材料，连接方式多为螺纹或快速接头，压力较低，喷灌强度较大，射程较近。如图 4-9 所示。

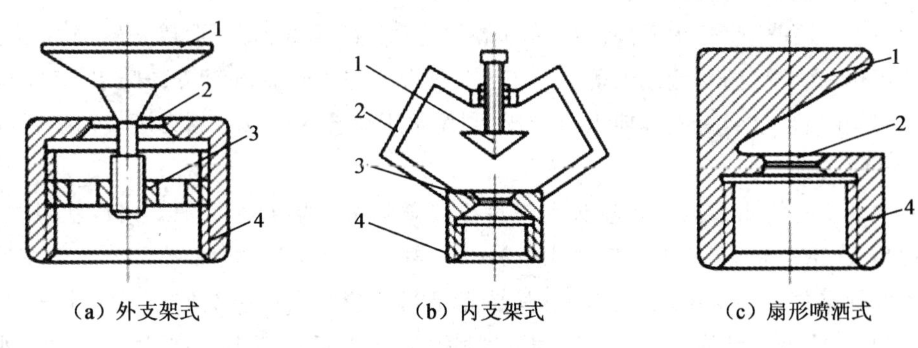

1.折射锥　2.支架　3.喷嘴　4.管接头

图 4-9　折射式喷头结构图

(2)缝隙式喷头

缝隙式喷头在喷嘴出口端加工出一定相撞的缝隙，使水流以一定的喷洒形状散成均布水滴，多为扇形喷洒，结构简单、加工方便，材料多为金属。如图 4-10 所示。

(3)离心式喷头

离心式喷头是指有压的水流一经喷出即裂散成水滴的固定式喷头，这种喷头主要由喷嘴、锥形轴、喷体、接头等部分组成。离心式喷头的优点是工作压力低，雾化程度比较高，水滴细小，对作物打击强度小，因此多用于苗圃、温室、花卉喷灌，这种喷头均为全圆式喷洒，特别适用于草坪等地方。如图 4-11 所示。

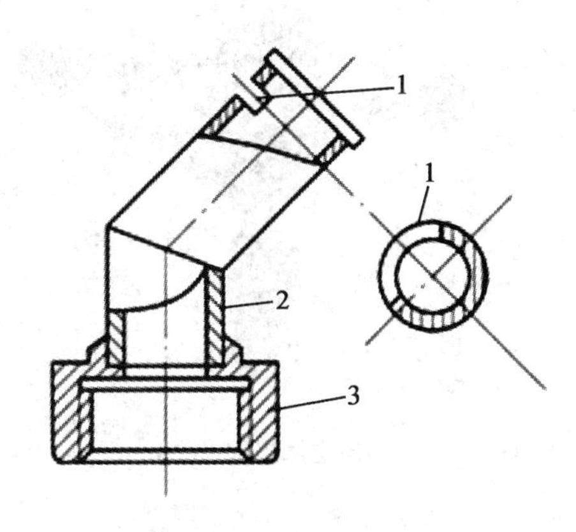

1.缝隙　2.喷头　3.管接头

图 4-10　缝隙式喷头结构图

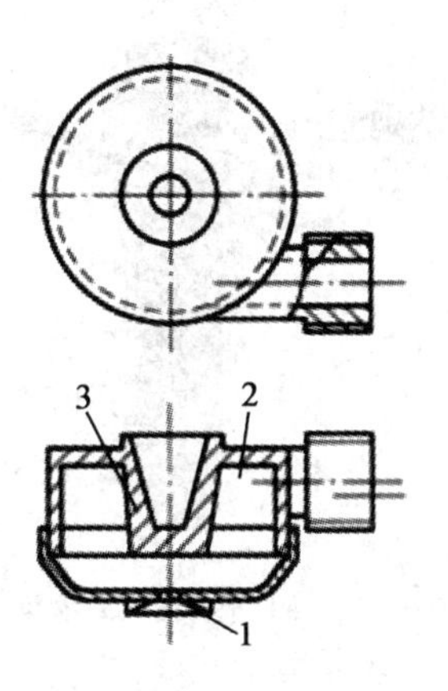

1.喷嘴　2.蜗壳　3.锥形轴

图 4-11　离心式喷头

2.旋转式喷头

旋转式喷头主要由旋转密封机构、流道和驱动机构组成,按驱动喷体方式又分为反作用式、摇臂式和叶轮式3种。其中摇臂式喷头应用较广泛,喷洒图形为圆形及扇形,是应用最广的一种喷头。

(1)反作用式喷头

是利用水舌离开喷嘴时对喷头的反作用力推动喷管旋转。其方式很多,可以将喷管弯成一定的角度,使得主喷管水舌的反作用力不通过喷头的垂直轴,而形成一转动力矩带动喷管旋转;也可以在喷管的左侧或右侧开小孔,小水舌朝与主喷管垂直方向喷出,带动喷管旋转;也有的是在喷嘴前装一挡片使水舌转弯,利用水舌偏转后的反作用力矩带动喷管旋转。

(2)摇臂式喷头

摇臂式喷头分为水平摇臂式喷头和垂直摇臂式喷头。摇臂沿水平方向旋转,所以称水平摇臂式喷头,按照材质分,水平摇臂式喷头分为塑料和金属的,如图4-12所示。水平摇臂式喷头主要优点是结构简单、价格较低;其缺点是当风速较大或喷头回转面不水平时,旋转速度不均匀,会降低喷灌均匀度。水平摇臂式喷头属于中低压喷头,主要用于各种类型管道式喷灌系统滚移动式喷灌机、配置多个喷头的轻小型喷灌机等,单喷嘴带换向机构的摇臂式喷头结构如图4-13所示;双喷嘴摇臂式喷头外形图如图4-14所示,典型结构图如图4-15所示,常用的喷头规格及参数见附录三。

垂直摇臂式喷头运行时摇臂沿垂直方向摆动,垂直摇臂式喷头和水平摇臂式喷头都是依靠摇臂驱动喷头旋转,但工作原理不同,垂直摇臂式喷头靠水流冲击的反作用力直接驱动,作用时间长,受力相对稳定;水平摇臂式喷头靠摇臂回位撞击驱动,作用时间短,冲击力较大。与水平摇臂式喷头相比,垂直摇臂式喷头的结构稍复杂,相对应零部件冲击性能的要求较低。垂直摇臂式喷头属于中高压喷头,主要配置在单个喷头的绞盘式喷灌机、中心支轴式喷灌机末端喷头等,结构外形如图4-16所示。

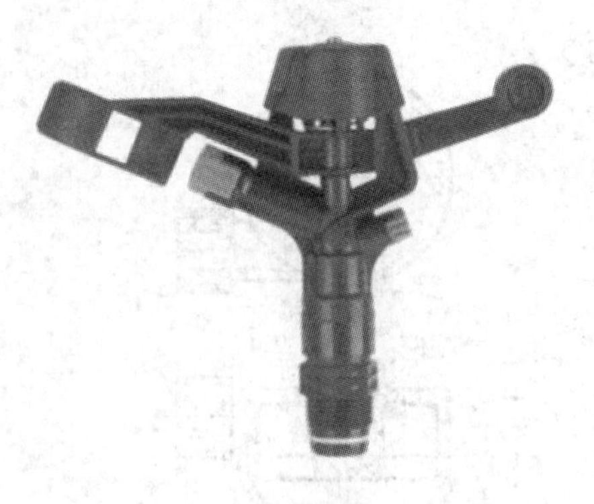

(a) 塑料摇臂式喷头

(b)金属摇臂式喷头

图4-12 摇臂式喷头

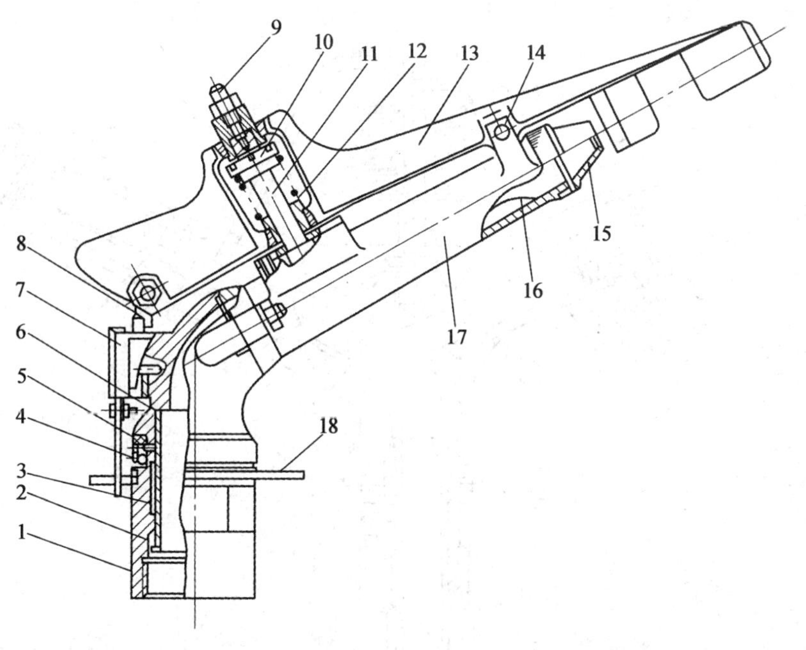

1.空心轴套 2.减磨密封圈 3.空心轴 4.防沙弹簧 5.弹簧罩 6.喷体 7.换向器 8.反转钩 9.摇臂调位螺钉 10.弹簧座 11.摇臂轴 12.摇臂弹簧 13.摇臂 14.打击块 15.喷嘴 16.稳流器 17.喷管 18.限位环

图 4-13 单喷嘴摇臂式喷头结构

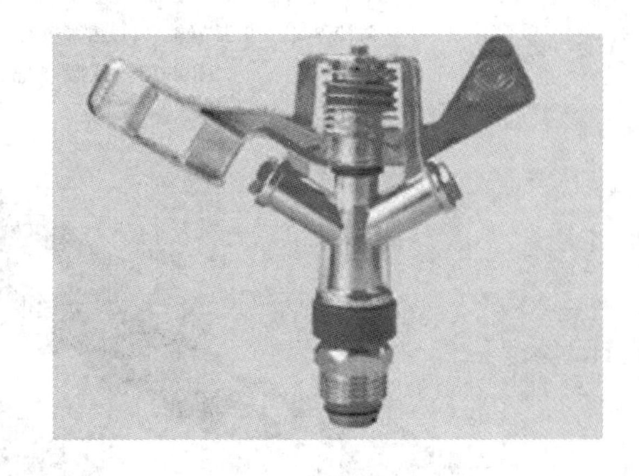

图 4-14 双喷嘴摇臂式喷头外形图

(3)叶轮式喷头

叶轮式喷头又称涡轮涡杆式喷头，是利用主喷管下方设置的副喷管射出的水流冲击其前方的叶轮旋转，并带动喷头连续转动，通过换向机构实现扇形喷灌。这种喷头转速平稳，受风和振动的影响较小，但结构较复杂，成本较高，结构类型较多，有单喷嘴和多喷嘴。

3. 孔管式喷头

孔管式喷头为一根或几根较小直径的管子组成，在管子的顶部分部有一些小的喷水孔，

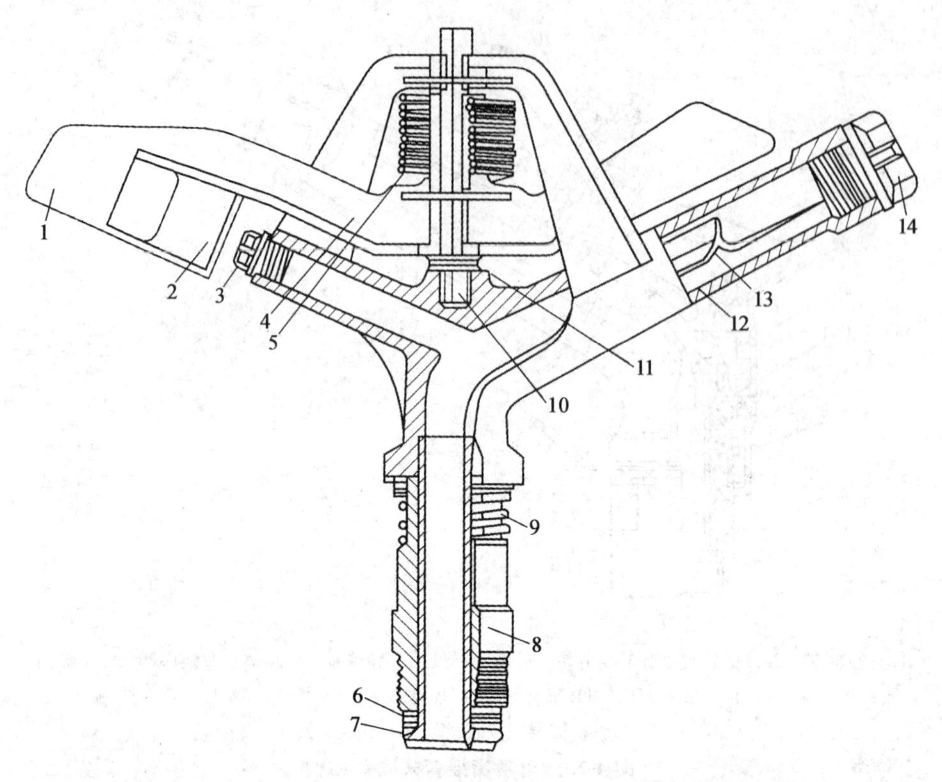

1.导水板 2.挡水板 3.小喷嘴 4.摇臂 5.摇臂弹簧 6.三层垫圈 7.空心轴 8.轴套
9.防沙弹簧 10.摇臂轴 11.摇臂垫圈 12.大喷管 13.整流器 14.大喷嘴

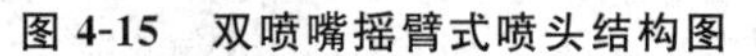

图 4-15 双喷嘴摇臂式喷头结构图

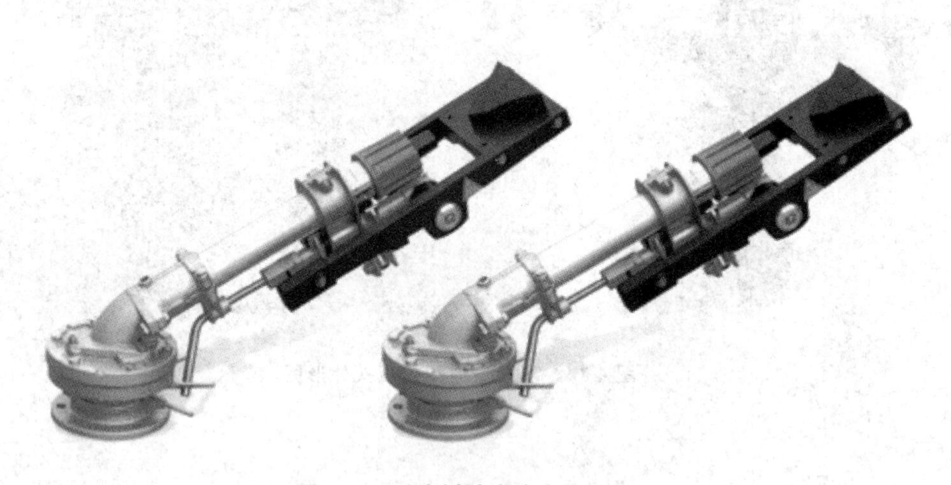

图 4-16 垂直摇臂式喷头外形图

喷水孔直径一般为 1～2 mm。喷水孔分布形式有单列式和多列式两种，如图 4-17 所示。

孔管式喷头的优点是结构简单。缺点是喷灌强度较高，水舌细小，受风的影响大；孔口小，抗堵塞能力差；工作压力低，支管内实际压力受地形起伏的影响大。一般用于菜地、苗圃和矮秆作物的喷灌。

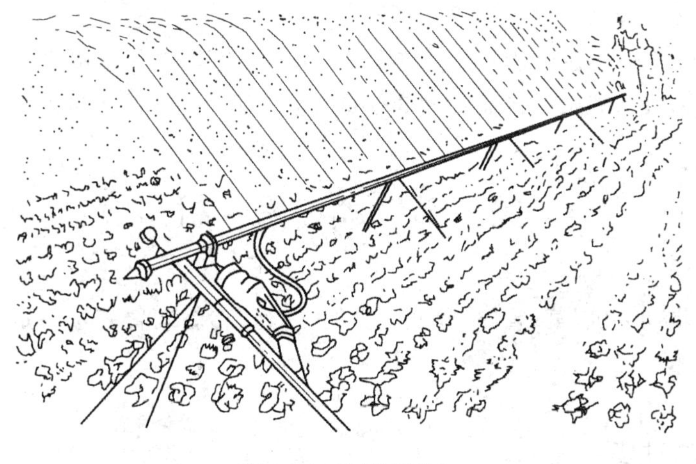

图 4-17　孔管式喷头

二、喷头的性能

1. 压力

喷头的压力就是喷头在工作时的工作压力，一般厂家给出的产品喷头技术参数，压力和流量是对应的，因此喷头流量的大小和喷头的压力有直接的关系。

2. 流量

喷头的流量是指单位时间内喷头喷出水的体积，单位是 m^3/h ，L/min，影响喷头流量的主要因素有喷头压力和喷嘴直径，同样的喷嘴，喷头压力越大喷头流量就越大，反之亦然。

3. 射程

射程是在无风状态下，喷头正常工作时的湿润半径，喷洒有效水能达到的最远距离，又称喷洒半径，单位为 m。对于旋转式喷头，当其结构参数确定后，它的射程就主要受工作压力和转速的影响。在一定工作压力变化范围内，压力增大，射程也应相应地增大。超过这一压力范围，压力增加只会提高雾化程度，而射程不会再增加，喷头射程随转速的增大而减小，当转速接近零时，它的射程达到最大。在喷头流量相同的条件下，射程愈大，单个喷头的喷灌强度就越小，其组合喷灌强度也越小，喷头的布置间隔则可以适当地增大。对于降低成本，提高适应性大有好处，所以射程是喷头水力性能的一个重要指标。

4. 喷灌强度

喷灌强度是指单位时间内喷洒在单位面积上水的体积，或单位时间喷洒的水深，单位为 mm/h。喷头的喷灌强度与喷灌流量成正比，与喷头控制面积成反比。

5. 水滴打击强度

喷灌时喷洒水滴的打击强度，是指喷洒作物受水面积范围内，水滴对作物或土壤的打击动能，它与喷洒水滴的大小，水滴降落速度和水滴密度有关，一般使用雾化指标或水滴直径大小来表征喷灌水滴打击强度。

6. 喷洒水量分布特性

常用水量分布图来表示喷洒水量分布特性,水量分布图是指在喷灌范围内的等水深线图,能准确、直观地表示喷头的特征。水量分布特性是影响灌水均匀度的主要因素。

第三节 喷 灌 机

喷灌机就是将动力机、泵、管路、喷头、支架、三通、移动装置等按一定方式组合配套成具有整体性的喷灌机械。

一、喷灌机的种类

喷灌机的种类较多,按喷洒特征分为定喷式和行喷式两大类。

定喷式喷灌机是指在喷灌机工作时,在一个固定的位置进行喷洒,达到灌水定额后按照预先设定的程序移动到另一个位置进行喷洒,在灌水周期内灌完计划灌溉的面积。其优点是一次性投资少,使用灵活,结构简单,保管维修方便。缺点是移动性难,喷洒质量交叉,劳动强度稍大,控制面积小。定喷式喷灌机包括手推(抬)式喷灌机、拖拉机悬挂式喷灌机和滚动式喷灌机等。

行喷式喷灌机是指在喷灌过程中一边喷洒一边移动(或转动),在灌水周期完成计划灌溉面积。其优点是机动性好,生产效率高。行喷式喷灌机包括中心支轴式喷灌机、平移式喷灌机和卷盘式喷灌机等。

机组式喷灌系统构成如下:

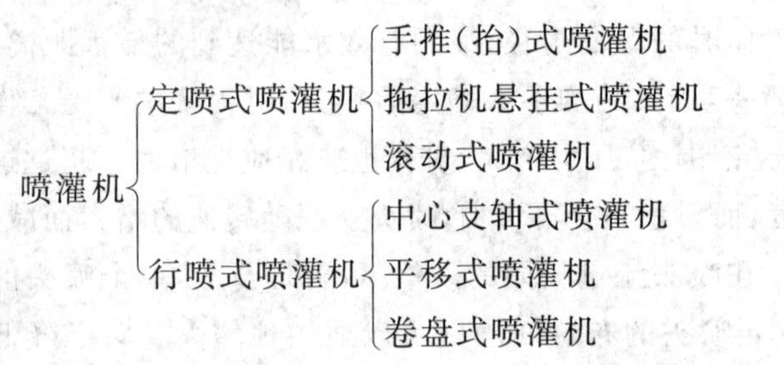

二、定喷式喷灌机

1. 手推(抬)式喷灌机

手推(台)式喷灌机就是担架式或手推式喷灌机,特点是水泵和动力机安装在一个特制的机架上,动力机一般采用小功率电动机和柴油机,水泵、管路、喷头大多采用快速接头连接,可在田间整体搬移。

手推式喷灌机按喷头与喷灌泵的连接形式,可分为直连式和管引式两种,直连式喷灌机组是指喷头直接安装在喷灌泵出水口上,也就是将喷头、水泵和动力机装配在一个机架或一辆小车上，能整体一起移动的喷灌机，如图 4-18 所示，管引式喷灌机是从泵的出口处引一条管道伸向田间，管道的末端安装一个带支架喷头，有时可根据需要沿管道安装多个小型喷头，如图 4-19 所示。

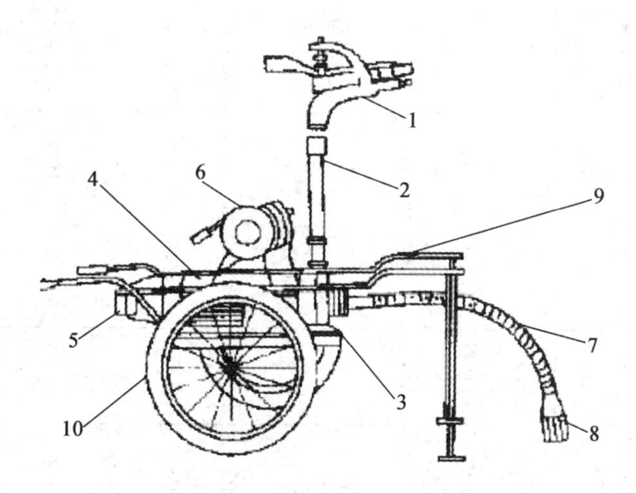

1. 喷头　2. 竖管　3. 水泵　4. 电动机　5. 开关　6. 电缆
7. 吸水管　8. 底阀　9. 机架　10. 车轮

图 4-18　手推直连式喷灌机

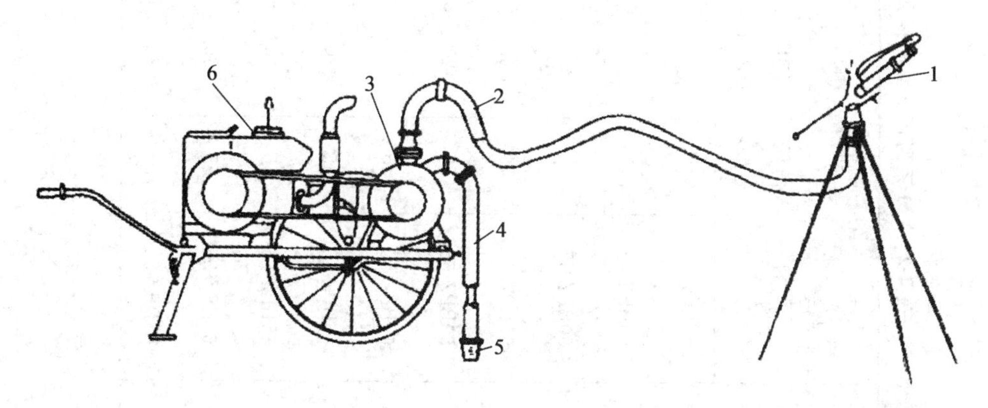

1. 喷头　2. 出水管　3. 水泵　4. 进水管　5. 底阀　6. 柴油机

图 4-19　手推管引式喷灌机(柴油机)

(1)结构特点

手推式喷灌机上的水泵多采用自吸离心泵或有自吸装置的普通离心泵，管道多采用由快速接头连接的铝合金管或涂塑软管，喷头多采用中低压摇臂式喷头，手推式喷灌机的动力有电动机和柴油机，采用电动机时，田间需要配套电力网配套设施，一般选用 7.5 kW 的电动机，柴油机使用一般选用 10～12 马力的柴油机，手推式喷灌机结构简单，机动灵活，便于维修，运行费用较低，适用于灌溉平原地区的小型地块。

(2)主要性能参数(表 4-2)

表 4-2　YM 系列轻小型喷灌机型号及参数(单喷头)

机组型号	配套动力机		水泵				喷头					
	型号	功率/马力	型号	扬程/m	流量/(m^3/h)	吸程/m	型号	压力/MPa	喷嘴直径/mm	射程/m	喷水量/(m^3/h)	配带数
YM5C-50B-P30	R170F	5	50BPZ-45	45	18	7	30PY2	0.4	10×4	24	8.27	2
YM5C-50B-P40	R170F	5	50BPZ-45	45	18	7	40PY2	0.45	14×6	30	17.54	1
YM6C-50P-P30	R175	6	50BPZ-55	55	20	7	30PY2	0.4	10×4	24	8.27	2
YM6C-50P-ZY2	R175	6	50BPZ-55	55	20	7	ZY-2	0.3	6.0/3.1	18.5	2.97	6
YM6C-50P-ZY1	R175	6	50BPZ-55	55	20	7	2Y-1	0.3	4.0/2.8	14.9	1.65	12
YM12C-65P-P30	195	12	65BPZ-55	55	30	7.5	30PY2	0.4	10×4	24	8.27	3
YM12C-65P-P40	195	12	65BPZ-55	55	30	7.5	40PY2	0.45	14×6	30	17.54	1
YM12C-65P-P50	195	12	65BPZ-55	55	30	7.5	50PY2	0.5	18×6	37.5	28.68	1
YM12C-65P-ZY2	195	12	65BPZ-55	55	30	7.5	ZY-2	0.3	6.0/3.1	18.5	2.97	9
YM12C-65P-ZY1	195	12	65BPZ-55	55	30	7.5	ZY-1	0.3	4.0/2.8	14.9	1.65	18

注:1 马力=735 W。

2. 拖拉机悬挂式喷灌机

拖拉机悬挂式喷灌机是将喷灌泵安装在拖拉机(或农用运输车)上,利用拖拉机的动力,通过皮带(或其他)传动装置带动喷灌泵工作的一种喷灌机组。见图 4-20。

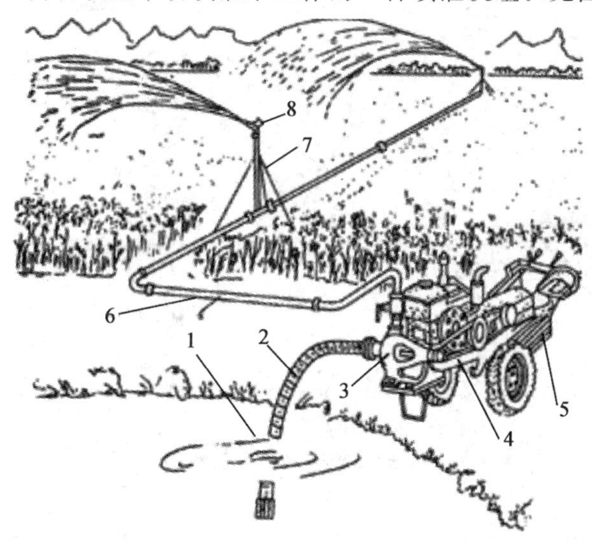

1. 水源　2. 吸水管　3. 水泵　4. 皮带传动系统　5. 拖拉机　6. 输水管　7. 竖管及支架　8. 喷头

图 4-20　拖拉机悬挂式喷灌机工作示意图

(1)结构特点

拖拉机悬挂式喷灌机的水泵为自吸式离心泵,拖拉机的配套功率一般为 12 马力,管道多采用快速接头连接的铝合金管或涂塑软管,该机结构简单,拆装方便,可实现拖拉机一机多用,利用率高,机动性好,投资低,可安装多喷头喷洒。拖拉机悬挂式喷灌机,除在田间有渠道网的配套工程外,还需在渠道边配有机耕道。

(2)主要性能参数(表 4-3)

表 4-3　拖拉机悬挂式喷灌机主要性能参数

项目	机组型号		
	7D	4CP-X	浙喷 50-55 型
配套动力	7.5 kW	4.5 kW	12 马力
配套喷头	$PY_1 50$	$PY_1 40$	$PY_1 50$
管理长度/m	100	100	100
工作压力/(kg/cm^2)	4～5	3.9～4.3	5～1.5
喷灌强度/(mm/h)	5.15～5.42	3.9～4.3	5.15

3. 滚动式喷灌机

滚动式喷灌机主要由驱动车、输水干管、滚轮、连接软管、喷灌支管、喷头等组成。

滚动式喷灌机工作时先启动中央驱动车,使支管滚动到一定的工作位置,停车后开启喷头给水栓进行喷洒作业,当达到预定灌水定额后关闭喷头给水栓,驱动车在移动到下一个位置进行喷洒,如此反复,直到喷灌完全部的控制面积。示意图如图 4-21 所示。

1. 水源　2. 抽水机　3. 输水干管　4. 给水栓　5. 连接软管　6. 钢圈式轮
7. 喷头　8. 喷洒支管　9. 驱动车

图 4-21　滚动式喷灌机工作示意图

(1) 结构特点

滚动式喷灌机以装在支管中央的中央驱动车为动力，驱动装有喷头的喷灌支管整体移动，驱动车行走时带动整机滚动，喷灌支管由质量轻、强度高的铝合金管组成，同时兼作轮轴。每根支管长 6～12 m，总长一般可以达到 150～500 m，一般支管上每隔 12 m 安装一个滚轮，喷头安装在铝合金支管上，一般为中低压喷头。滚动式喷灌机结构简单，操作方便，可以沿耕作方向或作物栽培方向进行喷灌作业，对于不同的水源条件都能够适应，而且具有一定的爬坡能力，适用于平原地区和大田矮秆作物。

(2)滚动式喷灌机主要性能参数(表 4-4)

表 4-4　滚动式喷灌机规格及参数

项目	型号			
	GYP200	GYP300	GYP400	GYP500
驱动力/马力	6	6	8	8
滚轮直径/mm			1 500　1 700　1 900	
支管规格/mm			ϕ127	
整机长度/m	200	300	400	500
行进速度/(m/min)			0.3～20	
灌水定额/(m^3/h)			80～210	

三、行喷式喷灌机

1. 中心支轴式喷灌机

中心支轴式喷灌机就是将一节一节的薄壁金属管连接而成支管管道，在管道上按要求布置上喷头，管道架高在间距相等的若干个塔架车上，支管的一端固定在水源处，整个支管绕中心支轴旋转，像时针一样，边走边灌，因此也称针式喷灌机。外形如图4-22所示，中心支轴式喷灌机机械化程度高，工作效率高，灌溉范围是圆形，方形地块四周很难灌溉，适应性强，几乎适用于灌溉各种质地的土壤，以及各种大田作物、蔬菜、经济作物和牧草等，但灌溉面积范围内要求种植作物要一致，地面不能有障碍物。

图 4-22 中心支轴式喷灌机

(1)结构特点

中心支轴式喷灌机一般由中心支座、桁架、塔架车、末端悬臂、控制系统和灌水器6大部分组成。结构如图4-23所示，中心支座安装在灌溉面积的中心，可固定在钢筋混凝土基座上。支轴座中心管下端与井泵出水管或压力管相连，喷灌管道直径多为50～200 mm壁镀锌钢管，一般由桁架支承在塔架上，塔架间距一般为25～70 m，塔架安装在电机或水平驱动的滚轮上，喷头按一定设计间距安装在管道上，喷头一般选用摇臂式喷头或折射式喷头。常用的喷灌机长400～500 m，可灌溉面积800～1 000亩。

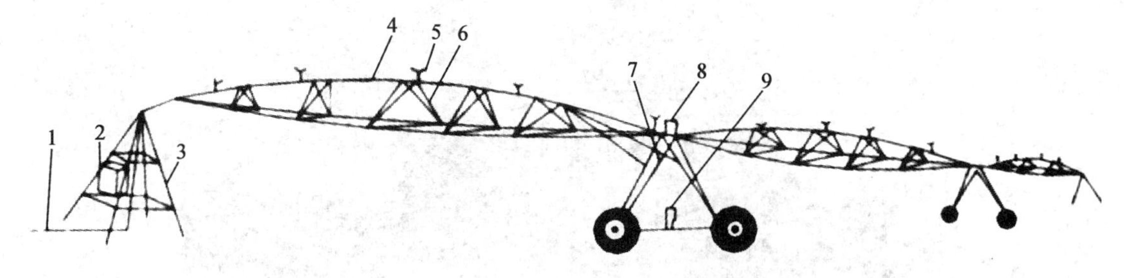

1. 供水干管 2. 电控箱 3. 中心支轴 4. 喷洒支管 5. 喷头 6. 桁架
7. 塔车 8. 塔车控制箱 9. 驱动设备

图 4-23 中心支轴式喷灌机

(2)中心支轴式喷灌机性能参数(表4-5)

2. 平移式喷灌机

平移式喷灌机又称连续直线自走式喷灌机，它是以中央控制塔车沿供水线路(如渠道、

表 4-5　DYP 系列中心支轴式喷灌机规格及参数

项目	DYP-215	DYP-295	DYP-335	DYP-375	DYP-415
系统长度/m	215	295	335	375	415
跨距/m	40,50				
末端最小工作压力/MPa	0.15				
喷洒均匀系数/%	≥90				
灌溉面积/hm^2	14.85	27.8	35.77	44.75	54.73
喷灌机最大流量/(m^3/h)	118	152	168	185	210
每圈运行最短时间/h	7.21	10.1	11.5	13	14.4
驱动电机功率/kW	0.75,1.1,1.5				
轮胎型号	11.2～28,15～24				

供水干管)取水自走,其输水支管的运动轨迹互相平行(即支管轴线垂直于供水轴线)的多塔车喷灌机。外形如图 4-24 所示。平移式喷灌机是由中心支轴式喷灌机发展而来的,实际上,是两台中心支轴式喷灌机在其中心支轴处代之以中央控制塔车并呈反对称组装而成的。所以,它在结构上和中心支轴式喷灌机很相似,灌溉形状为矩形,喷洒覆盖率可高达 97%,喷洒均匀,灌溉质量高,运行速度调节范围大,能满足各种作物不同生育期的灌水需求。

图 4-24　平移式喷灌机

(1)结构特点

平移式与中心支轴式喷灌机比较，其结构特点是增加了中心跨架和导向系统，跨架结构与中心支轴式喷灌机一样，但跨度一般较大，在中央跨架的两边各有一刚性连接的跨架，这样可以增加中央跨架的稳定性，中央跨架取代了中心轴座，也起“首脑”控制作用，两个刚性跨架分立在两边，动力机组及主控制系统等放在吊架上悬挂在供水渠道上方，吊架吊在中央腹架上，并用两个柔性接头和两边的刚性跨架连接，保证了吊架有一定的自由度和运行稳定性。其结构如图 4-25 所示。

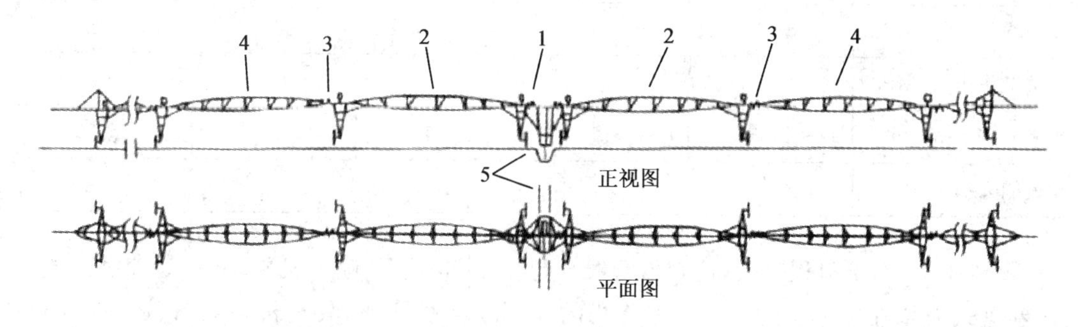

1. 中央跨架　2. 刚性跨架　3. 柔性接头　4. 柔性跨架　5. 渠道

图 4-25　平移式喷灌机结构示意图

(2)工作原理

由于平移式喷灌机要求喷灌机轴线(即输水管轴线)平行地向前移动，它的结构是两台中心支轴式喷灌机去掉中心支轴座后，呈反对称状连接在中央跨架上，所以它的主电路中有一相反接，即一侧的驱动电机都正转，另一侧的驱动电机都反转，这样就使喷灌机的运动方向一致。同步控制及安全保护系统基本和中心支轴式喷灌机相同，只是由于平移式喷灌机的跨架一般较长，要求传递各跨之间产生的角变位更敏感一些。

平移式喷灌机移动时有 3 个方向的自由度，既可纵向移动，也可横向移动，还可绕一点转动。同步控制能保持喷灌机轴线在纵向上基本成直线，即可约束纵向移动的自由度。但横向移动及转动则需要有导向控制来加以约束。常用的导向控制是“电气触杆”式。它是在渠道的一侧平行于渠中心线安装导向钢索，在喷灌机中央跨架上装有前行和后行两个控制箱，其下各有两根留有间隙的触杆(前行时只有前行控制箱起作用)，两触杆跨在导向钢索两边。

当喷灌机正常移动时(输水支管完全是一条直线)，两触杆在导向钢索两边移动。当由于某种原因破坏了正常运动(输水支管轴线不垂直渠道中心轴线)时，走得慢的那一侧的触杆就会触碰导向钢索，压迫其上导向控制箱中的重力微动开关，使电路接通(常开触点闭合)，电流信号传至主控制箱中的第二调速百分率定时器 BS 这样走快的一侧就会在两个百分率定时器 BS. 与 BS. 的共同(串联)作用下变得缓慢一些，而走慢的一侧仍按 BS. 调好的速度运行，使之赶上快的一侧。

(3)平移式喷灌机性能参数(表 4-6)

3. 卷盘式喷灌机

卷盘式喷灌机是指用软管输水，在喷洒作业时利用喷灌压力水驱动卷盘旋转，卷盘上缠

表 4-6　DPP 系列电动平移式喷灌机型号及参数

项目	DPP-65	DPP-80	DPP-100	DPP-400	DPP-500
系统长度/m	67.5	80	101	356	516
配置方式	单跨	双侧	双侧	双侧	双侧
跨距/m	50	30	30	40(50)	40(50)
喷水量/(m^3/h)	50～80	50～80	60～100	340～400	400
喷洒均匀系数/%	≥90				
末端工作压力/MPa	0.15				
灌溉面积/hm^2	4.55	8.5	12.12	54.15	75.75
爬坡能力/%	>5				

绕软管(或钢索)牵引射程喷头,使其沿管线自行移动和喷洒的喷灌机械,又称为绞盘式喷灌机。卷盘式喷灌机与中心支轴式及平移式的大型喷灌机相比,具有机动灵活、适应大小田块,行走区域内不受高大障碍物限制,对土地要求平整度不高。外观如图 4-26 所示。

图 4-26　卷盘式喷灌机

(1)结构特点

卷盘式喷灌机是由喷头车、PE 软管及卷盘三大部分组成。PE 软管是这种喷灌机的关键部位,它是由一种以中密度的聚乙烯材料为主的半软管,在有压和无压状态下管的截面总能保持圆形,拉伸性能好,断裂强度高,在各种复杂的气候环境中都能应用。卷盘式喷灌机靠管内动水压力驱动行走作业,具有机动灵活、适应性强、单位喷灌面积投资小,使用寿命长等优点,通常适用于灌溉各种作物。结构如图 4-27 所示。

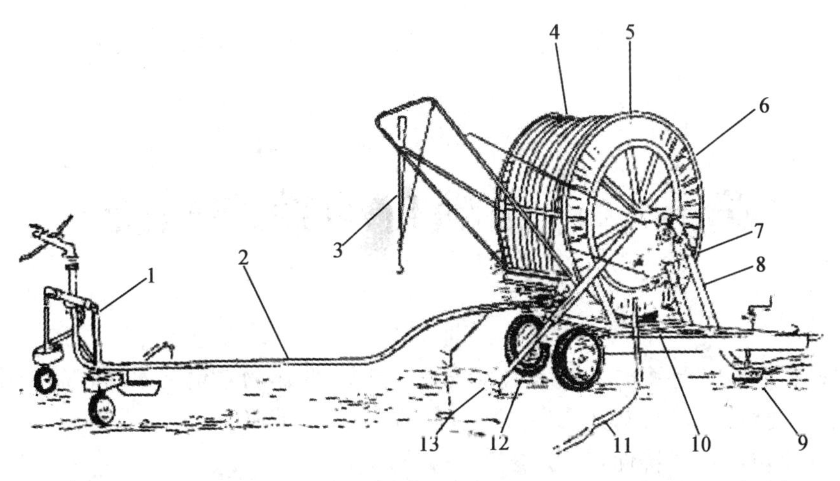

1. 喷头车　2. 软管　3. 喷头车收取吊架　4. PE 软管　5. 卷盘　6. 卷盘车　7. 水动力机
8. 进水管　9. 可调支腿　10. 旋转底盘　11. 泄水孔管　12. 自动排管器　13. 支腿

图 4-27　卷盘式喷灌机结构示意图

(2)工作原理

采用水涡轮式动力驱动系统，采用大断面小压力的设计，在很小的流量下，可以达到较高的回收速度，水涡轮转速从水涡轮轴引出一个两速段的皮带驱动装置传入到减速器中，降速后链条传动产生较大的扭矩力驱动绞盘转动，从而实现 PE 管的自动回收。同时，经水涡轮流出的高压水流经 PE 管直送到喷头处，喷头均匀地将高压水流喷洒到作物上空，散成细小的水滴均匀降落，并随着 PE 管的移动而不间歇地进行喷洒作业。

(3)卷盘式喷灌机性能参数(表 4-7)

表 4-7　卷盘式喷灌机(单喷头)参数

PE 管管径/mm	PE 管管长/m	喷嘴直径/mm	入机压力/MPa	有效喷洒幅宽/m	喷水量/(m^3/h)
40	125	9～12	0.25～0.77	31～44	3.6～10.8
50	150～240	10～14	0.25～1.05	32～49	6.12～17.28
63	100～280	14～18	0.28～1.03	42～68	11.52～27.00
70	210～300	16～20	0.29～1.01	44～74	11.88～33.48
75	200～340	16～20	0.4～1.12	53～78	16.56～37.08
82	220～400	18～22	0.41～1.2	60～81	21.96～42.48
90	220～440	22～26	0.43～1.32	68～97	31.32～61.92
100	210～450	26～30	0.44～1.45	80～108	45.72～83.16

第五章 微灌自动控制系统

微灌自动控制系统是将电子技术和灌溉节水技术、农作物栽培技术结合起来，系统在不需要人为控制的情况可以自动开启灌溉，也可以自动关闭灌溉。

微灌自动化控制系统特性：

1.精准性

与传统的灌溉靠经验判断灌水时间相比，自动化控制可以实现整个系统的各个灌水小区精确的启闭时间控制，从时间上保证了整个区域的灌水均匀性和时间的准确控制。

2.高效性

用自动化控制系统管理灌区，系统会按照编好的轮灌组、轮灌顺序、灌溉量和灌溉周期自动开启和关闭阀门，与传统的人工灌溉相比，没有人为因素影响，管理效率高，节省了人力、时间，降低了劳动强度。

3.节水性

自动化控制系统可以连接智能型的传感器，可根据当时的气象条件或土壤的含水量，当达到设置的条件时自动进行灌溉，做到作物或植物需要多少水就灌多少水，适时、适量灌水，提高了水的利用率。

第一节 微灌自动控制系统类型

自动化控制系统按照不同的分类方式种类很多，根据控制系统运行的方式，可分为半自动控制和全自动控制；根据系统通信方式，可分为有线通信控制系统、无线通信控制系统、田间独立控制系统；根据控制器的控制线布线方式，可分为传统信号线方式、两线制解码器方式；根据设备组成方式，可分为基于可编程逻辑控制器或计算机编程的控制系统、基于物联网的灌溉控制系统等。本章主要将介绍全自动控制系统和半自动控制系统。

一、半自动控制系统

半自动控制系统通常也可称为时序控制灌溉系统，系统将灌水开始时间、灌水延续时间和灌水周期作为控制参量，实现整个系统的自动灌水。系统工作时灌溉管理人员可根据需要将灌水开始时间、灌水延续时间、灌水周期等设置到控制器的程序当中，当达到设定的时间时，控制器通过向电磁阀发出信号，开启或关闭灌溉系统。半自动控制系统中也可以选配一些传感，如土壤水分传感器设备。

二、全自动控制系统

全自动控制系统是一种智能灌溉系统，通常由信息采集系统，将与植物需水相关的参量（温度、降雨量、土壤含水量等）通过传感器收集起来反馈到中央计算机，计算机通过软件分析会自动决策所需灌水量，并通知相关的执行设备，开启或关闭灌溉系统。半自动灌溉系统可以作为全自动灌溉系统的子系统。

不管是半自动还是全自动控制系统，都还是需要人为参与的，人的作用是调整控制程序和检修控制设备。在系统出现意外情况下，可人工手动进行电磁阀开，以保证连续灌溉不会中断，不误农时。

第二节　微灌自动控制系统构成

微灌自动控制系统由灌溉系统和自动控制系统两部分组成。灌溉系统的组成与一般灌溉系统的组成完全相同，主要包括首部、田间管网、灌水器等。自动控制系统根据实际需求的不同，全自动的控制系统和半自动的控制系统由不同的设备组成，半自动控制系统一般由控制器、电磁阀组成，控制器有大有小，小的控制器只控制单个电磁阀，而大的控制器可控制多个电磁阀；全自动控制系统一般由中央控制系统、控制器、电磁阀、气象观测站、通信系统电源等组成，如图 5-1 所示。

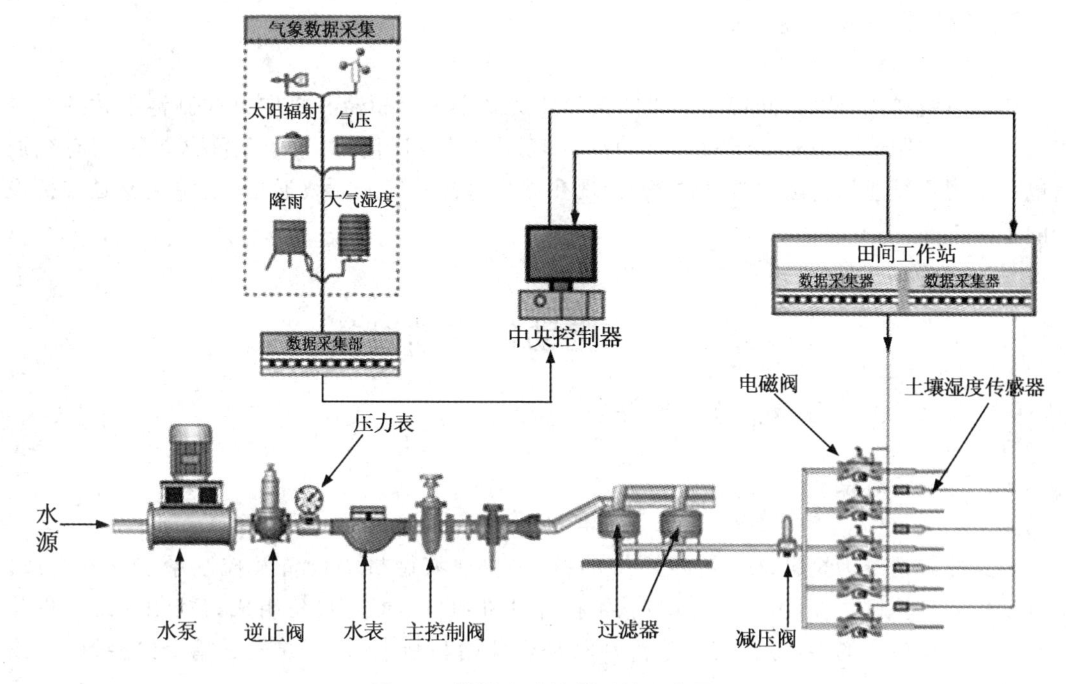

图 5-1　微灌自动控制系统示意图

一、中央控制系统

中央主控系统根据灌溉管理人员输入的灌溉程序将采集灌溉区域的信息进行处理，判断是否需要进行灌溉和灌溉的时长，向阀门控制器发出电信号，开启及关闭灌溉系统。

二、控制器

阀门控制器是与电磁阀装置配套使用的产品，用以控制电磁阀的开启和关闭，可以是简单的只有定时功能，也可以是编程功能的控制器。

三、电磁阀

电磁阀是自动化灌溉系统的执行元件，通过接收阀门控制系统传递的信号开启和关闭。

四、田间信息采集或监测设备

田间信息采集主要依赖于传感设备，传感设备就是能够感受规定的被测量物并按照一定规律转换成可能输出信号的器件或装置。

五、通信系统和电源

通信系统作用是将田间信息采集的信息传送到中央控制器和将中央控制器下达的指令传送到阀门控制器。通常对于较大型的灌区多采用无线通信，对于小型灌区多采用有线通信也可采用无线通信。随着技术的发展，现在逐步将都发展成无线通信；电源主要是维持设备的正常工作。

第三节　自动化控制设备

一、中央控制系统

中央控制系统为全自动化灌溉系统的核心，主要有微机等设备及控制系统软件组成。微机设备与计算机一样，由电源控制箱、主控计算机和显示器等设备组成。控制系统软件是安装于微机设备上的，对各类信息分析判断是否开始和结束灌溉，并发送指令给控制器（图5-2至图5-4）。

图 5-2　中央控制系统示意图

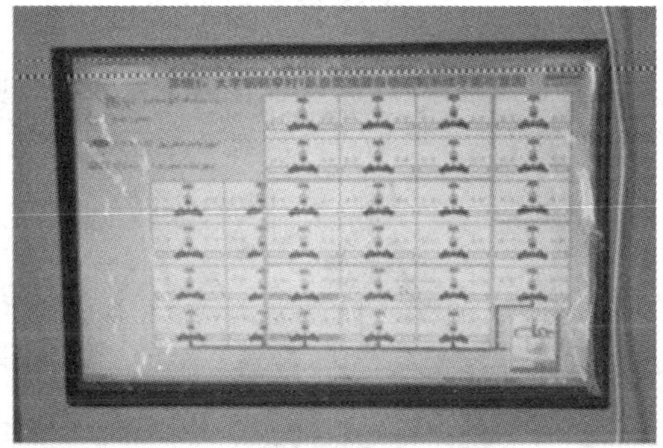

图 5-3　中央控制系统设备

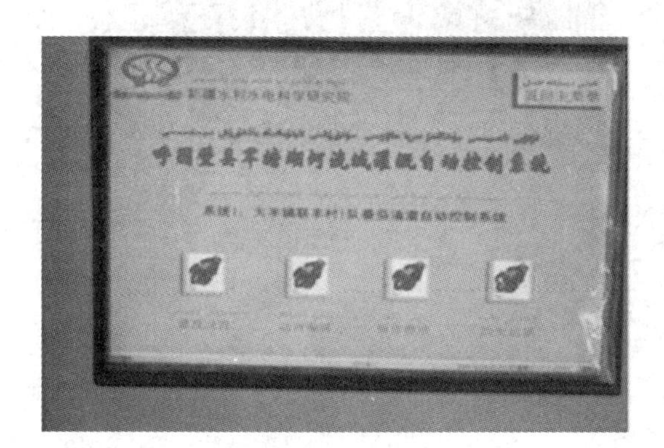

图 5-4　中央控制系统软件

二、控制器

控制器是灌溉自动化控制系统的主要设备。根据自动化程度的不同选用的控制器也不相同，同一种控制系统根据功能实用要求的不同，采用的控制器也不相同，目前使用较多的为时间控制器，见图 5-5 至图 5-7。

控制器是一种可编程的存储器，可以利用于其内部存储程序，执行逻辑运算、顺序控制、定时、计数与算术操作等面向用户的指令，并通过数字或模拟式输入、输出控制阀门，能根据用户要求设定各灌区的灌溉顺序和灌溉时间。

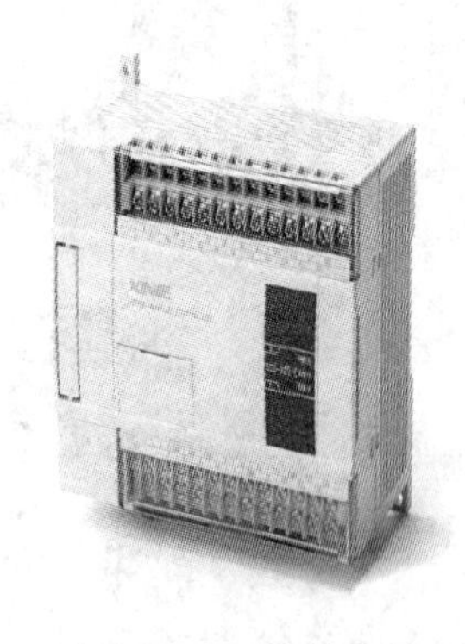

图 5-5　PLC 控制器(可编程控制器)

图 5-6　简易的时间控制器

图 5-7　时间控制器

三、电磁阀

电磁阀从原理上分为三大类：直动式电磁阀、先导式电磁阀、先导直动式电磁阀，一般自动化灌溉使用先导式电磁阀。

1. 直动式电磁阀

通电时，电磁线圈产生电磁力把关闭件从阀座上提起，阀门打开；断电时，电磁力消失，弹簧把关闭件压在阀座上，阀门关闭。特点是在真空、负压、零压时能正常工作，但通径一般不超过 25 mm，见图 5-8。

2. 先导式电磁阀

通电时，电磁力把先导孔打开，上腔室压力迅速下降，在关闭件周围形成上低下高的压差，流体压力推动关闭件向上移动，阀门打开；断电时，弹簧力把先导孔关闭，入口压力通过旁通孔迅速关闭腔室在关阀件周围形成下低上高的压差，流体压力推动关闭件向下移动，关闭阀门。特点是流体压力范围上限较高，可任意安装但必须满足流体压差条件，见图 5-9。

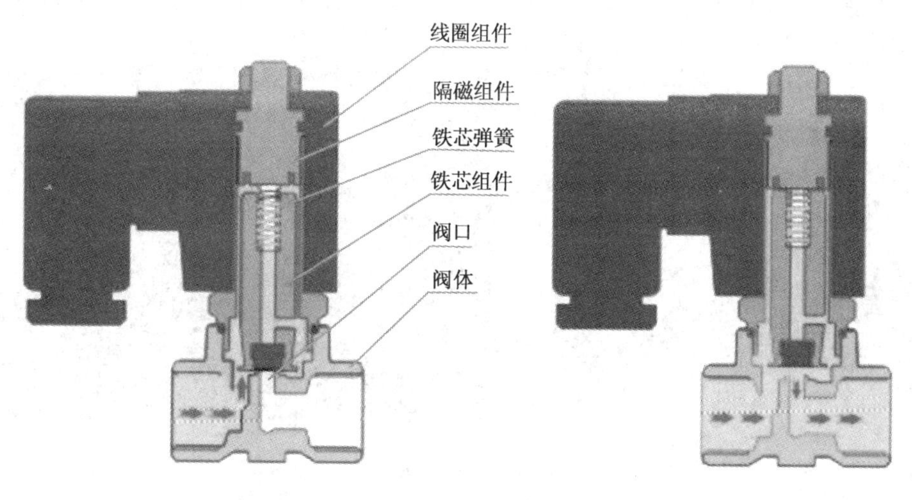

图 5-8　直动式电磁阀工作原理图

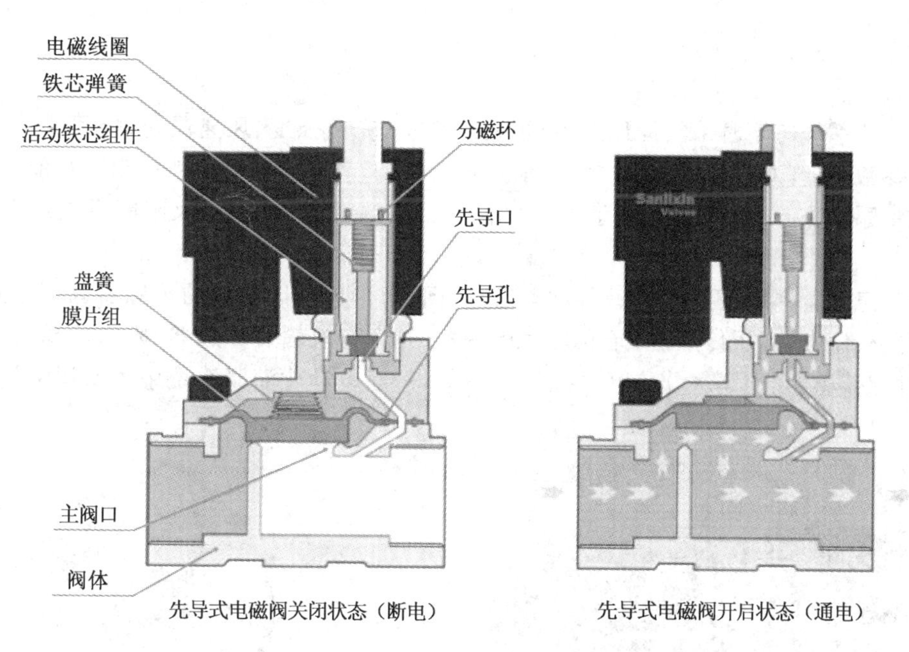

图 5-9　先导式电磁阀工作原理图

3. 先导直动式电磁阀

先导直动式电磁阀，在设计上巧妙地运用了先导式与直动式电磁阀的特有优点，使其达到了用途广泛、开闭快速、零压力开启及通径大的特点，但功率较大，通常要求必须水平安装。

控制器与电磁阀的连接方式有 2 种，一种是较为传统的连接方式，即控制器到每个电磁阀均需一根信号线；另一种是解码器的连接方式，控制器与所有电磁阀仅需一根 2 芯双绞线，电磁阀与双绞线之间需另外增加为电磁阀分配地址码的解码器。解码器控制系统相对于原有的有线控制系统有着更大的站点数，更远的铺设距离。为方便有线控制系统的日常管理，可在原有的有线控制器上增加无线遥控装置。在日常管理当中，可直接遥控就可直接开启指定阀门或阀门组，管理更加方便灵活。

图 5-10 电磁阀

四、田间信息采集系统

信息采集系统可实时采集灌区的空气温度、湿度、光照强度、风速风向、降雨量、土壤水分含量等参数，实现对设施农业综合生态信息自动监控，对环境进行自动控制和智能化管理田间。采集系统主要由核心板、传感器、通信模块、电源组成，可选用太阳能供电或者系统供电。

田间信息采集系统主要靠传感器收集信息（图 5-11）。不同参数的传感器也不相同，主要有温湿度传感器、气压传感器、光照强度传感器、光合有效辐射传感器、风向传感器、雨量传感器、地温传感器、土壤水分传感器（图 5-12）等，一般自动化灌溉系统中主要用土壤的水分传感器。

图 5-11 小型田间气象采集系统

图 5-12 土壤水分传感器

第四节　变频调节装置

变频调节装置就是变频调节器，是应用变频技术与微电子技术，通过改变电机工作电源频率方式来控制交流电动机的电力控制设备。通常地说，变频调节器是利用电力半导体器件的通断作用将工频电源变换为另一频率的电能控制装置。见图 5-13 所示。

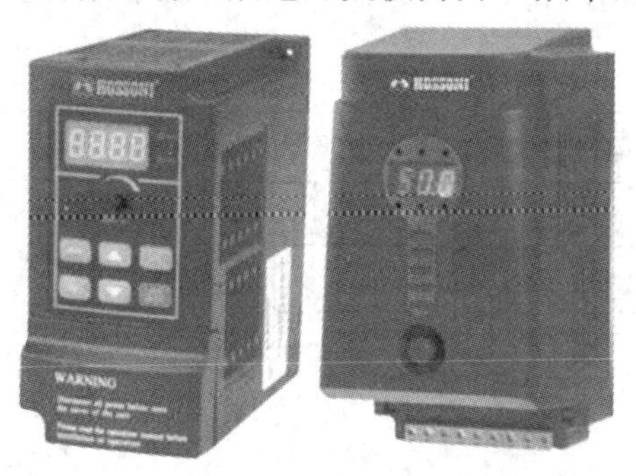

图 5-13　变频器

一、变频器的主要作用

1. 变频节能

使用变频调速，当流量要求需要改变时，通过降低泵的转速即可满足要求。降低电机不能在满负荷下运行时，多余的力矩对有功功率的消耗，减少电能的浪费。

2. 功率因数补偿节能

使用变频调速装置后，变频器内部滤波电容发挥作用，无功损耗减少了，电网的有功功率增加。无功功率不但增加线损和设备的发热，功率因数的降低还会导致电网有功功率的降低，大量的无功电能消耗在线路当中，设备使用效率低下，浪费严重。

3. 软启动节能

电机硬启动对电网造成严重的冲击，而且还会对电网容量要求过高，启动时产生的大电流和震动对挡板和阀门的损害极大，对设备、管路的使用寿命极为不利。而使用变频节能装置后，变频器的软启动功能将使启动电流从零开始，最大值也不超过额定电流，从而减轻了对电网的冲击和对供电容量的要求，延长了设备和阀门的使用寿命，节省了设备的维护费用。

二、变频器分类

变频器分类方式不同，按变换的环节分为交-交变频器、交-直-交变频器；按直流环节的储能方式分为电压源型变频器、电流源型变频器；按控制方式分为 VVVF（即变压变频）和 CVCF（即恒压恒频）。交-直-交变频器频率调节范围宽，变换的环节容易实现，目前广泛采用，通用变频器一般都采用交-直-交方式。

三、交-直-交变频器

交-直-交变频器，先把工频交流电通过整流器变成直流电，然后再把直流电变换成频率、电压均可控制的交流电，它又称为间接式变频器。

1. 变频器的组成

交-直-交变频器其基本构成如图 5-14 所示，由主电路（包括整流器、中间电路、逆变器）和控制电路组成，各部分作用如下所述：

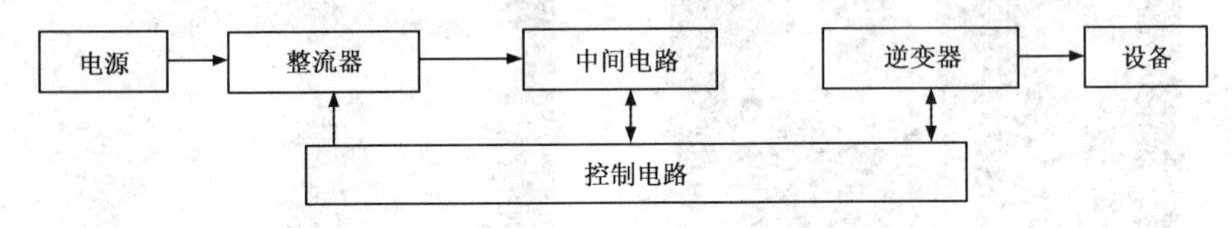

图 5-14　变频调节器示意图

（1）整流器

将工作频率固定的交流电转换为直流电的装置为整流器。整流器有两种基本类型——可控和不可控的。

（2）中间电路

可看作是一个能量的存储装置，电动机可以通过逆变器从中间电路获得能量。它有 3 种类型：将整流电压变换成直流电流、使脉动的直流电压变得稳定或平滑，供逆变器使用，将整流后固定的直流电压变换成可变的直流电压。

（3）逆变器

逆变器是变频器的核心，由大功率开关晶体管阵列组成电子开关，将直流电转化成不同频率、宽度、幅度的方波，它产生电动机电压的频率。另外，一些逆变器还可以将固定的直流电压变换成可变的交流电压。

（4）控制电路

它将信号传送给整流器、中间电路和逆变器，同时它也接收来自这部分的信号。按设定的程序工作，控制输出方波的幅度与脉宽，使叠加为近似正弦波的交流电，驱动交流电动机。具体被控制的部分取决于各个变频器的设计。

2. 变频器的变压方式

（1）可控整流器调压

根据负载对变频器输出电压的要求，通过可控整流器实现对变频器输出电压的调节。

（2）直流斩波器调压

采用不可控整流器，保证变频器电源侧有较高的功率因数，在直流环节中设置直流斩波器完成电压调节。

（3）逆变器自身调压

采用不可控整流器，通过逆变器自身的电子开关进行斩波控制，使输出电压为脉冲列。

改变输出电压脉冲列的脉冲宽度，便可达到调节输出电压的目的，这种方法称为脉宽调制(Pulse Width Modulation——PWM)。

3. 变频器特点

交-直-交变频器优点：效率高，调速过程中没有附加损耗；应用范围广；调速范围大，特性硬，精度高。缺点：造价高，维护检修困难。适用于要求精度高、调速性能较好场合。

附　　录

附录一　QJ 型潜水泵主要技术参数

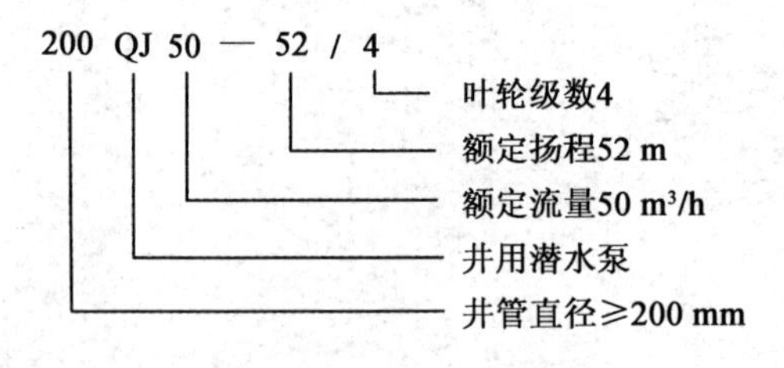

QJ型潜水泵型号说明

附表 1

序号	型号	流量/(m^3/h)	扬程/m	电机功率/kW	额定电流/A	转速/(r/min)	出水管直径/(″)	潜水泵		配套潜水电机		配套电缆	电泵最大外径/mm
								高度/mm	重量/kg	高度/mm	重量/kg	规格	
1	150QJ32-30/5	32	30	5.5	13.7	2 850	2.5	780	41	802	56.5	3×4	143
2	150QJ32-36/6		36	5.5	13.7			895	46	802	56.5	3×4	
3	150QJ32-42/7		42	7.5	18.5			1 010	51	862	62.5	3×6	
4	150QJ32-54/9		54	9.2	22.1			1 240	61	902	67	3×6	
5	150QJ32-66/11		66	11	26.3			1 470	71	982	74	3×6	
6	150QJ32-72/12		72	13	30.9			1 585	76	1 022	77	3×6	
7	150QJ32-84/14		84	13	30.9			1 815	86	1 022	77	3×6	
8	150QJ32-90/15		90	15	35.6			1 930	91	1 092	84	3×6	
9	150QJ32-96/16		96	15	35.6			2 045	96	1 092	84	3×6	
10	150QJ32-108/18		108	18.5	44			2 275	106	1 132	87	3×10	
11	150QJ40-32/4	40	32	7.5	18.5	2 850	2.5	654	28.7	862	62.5	3×4	143
12	150QJ40-40/5		40	9.2	22.1			784	34.2	902	67	3×4	
13	150QJ40-48/6		48	9.2	22.1			1 054	45.7	902	67	3×6	
14	150QJ40-56/7		56	11	26.3			1 184	51.2	982	74	3×6	
15	150QJ40-64/8		64	13	30.9			1 314	56.7	1 022	77	3×6	
16	150QJ40-72/9		72	15	35.6			1 444	62.5	1 092	84	3×6	
17	150QJ40-80/10		80	18.5	44			1 574	67.7	1 132	87	3×6	
18	150QJ40-88/11		88	18.5	44			1 704	73.2	1 132	87	3×6	
19	150QJ40-96/12		96	18.5	44			1 834	78.7	1 132	87	3×6	

续附表 1

序号	型号	流量 /(m^3/h)	扬程 /m	电机功率 /kW	额定电流 /A	转速 /(r/min)	出水管直径/(")	潜水泵		配套潜水电机		配套电缆	电泵最大外径 /mm
								高度 /mm	重量 /kg	高度 /mm	重量 /kg	规格	
20	150QJ50-30/5	50	30	9.2	22.12	2 850	3	784	34.2	862	62.5	3×4	143
21	150QJ50-36/6		36	9.2	22.12			1 054	45.7	902	67	3×4	
22	150QJ50-42/7		42	11	26.28			1 184	51.2	982	74	3×6	
23	150QJ50-48/9		48	13	30.87			1 314	56.7	982	74	3×6	
24	150QJ50-54/9		54	15	35.62			1 444	62.2	1 022	77	3×6	
25	150QJ50-60/10		60	18.5	44			1 574	67.7	1 092	84	3×6	
26	150QJ50-66/11		66	18.5	44			1 704	73.2	1 132	87	3×6	
27	150QJ50-72/12		72	18.5	44			1 834	78.7	1 132	87	3×6	
28	175QJ32-36/3	32	36	5.5	13.6	2 850	2.5	460	31	735	56	3×4	168
29	175QJ32-48/4		48	7.5	18.4			718	47	755	59	3×4	
30	175QJ32-60/5		60	9.2	22.1			838	54	815	70	3×6	
31	175QJ32-72/6		72	11	26.1			958	61	835	72.6	3×6	
32	175QJ32-84/7		84	13	30.1			1 078	68	865	76.2	3×6	
33	175QJ32-96/8		96	15	34.7			1 198	75	905	81	3×6	
34	175QJ32-108/9		108	18.5	42.6			1 318	82	960	93	3×6	
35	175QJ32-120/10		120	18.5	42.6			1 438	90	960	93	3×6	

续附表 1

序号	型号	流量/(m^3/h)	扬程/m	电机功率/kW	额定电流/A	转速/(r/min)	出水管直径/(″)	潜水泵		配套潜水电机		配套电缆	电泵最大外径/mm
								高度/mm	重量/kg	高度/mm	重量/kg	规格	
36	175QJ40-36/3	40	36	7.5	18.4	2 850	2.5	460	31	755	59	3×4	168
37	175QJ40-48/4		48	9.2	22.1			718	47	815	70	3×6	
38	175QJ40-60/5		60	11	26.1			838	54	835	72.6	3×6	
39	175QJ40-72/6		72	13	30.1			958	61	865	76.2	3×6	
40	175QJ40-84/7		84	15	34.7			1 078	68	905	81	3×6	
41	175QJ40-96/8		96	18.5	42.6			1 198	75	960	93	3×6	
42	175QJ40-108/9		108	22	49.7			1 318	82	965	93.6	3×10	
43	175QJ40-120/10		120	22	49.7			1 438	90	965	93.6	3×10	
44	175QJ50-36/3	50	36	9.2	22.1	2 850	3	460	31	815	70	3×4	168
45	175QJ50-48/4		48	11	26.1			718	47	835	72.6	3×6	
46	175QJ50-60/5		60	13	30.1			838	54	865	76.2	3×6	
47	175QJ50-72/6		72	18.5	42.6			958	61	905	81	3×6	
48	175QJ50-84/7		84	18.5	42.6			1 078	68	960	93	3×6	
49	175QJ50-96/8		96	22	49.7			1 198	75	965	93.6	3×10	
50	175QJ50-108/9		108	25	56.5			1 318	82	985	95	3×10	

续附表 1

序号	型号	流量 /(m^3/h)	扬程 /m	电机功率 /kW	额定电流 /A	转速 /(r/min)	出水管直径/(″)	潜水泵		配套潜水电机		配套电缆	电泵最大外径 /mm
								高度 /mm	重量 /kg	高度 /mm	重量 /kg	规格	
51	200QJ32-39/3	32	39	5.5	13.6	2 850	2.5	485	38	690	71	3×4	184
52	200QJ32-52/4		52	7.5	18			620	47	705	79	3×4	
53	200QJ32-65/5		65	11	25.8			915	64	765	82	3×6	
54	200QJ32-78/6		78	11	25.8			1 050	73	765	82	3×6	
55	200QJ32-91/7		91	13	29.8			1 185	82	780	87	3×6	
56	200QJ32-104/8		104	15	33.9			1 320	91	815	90	3×6	
57	200QJ32-130/10		130	18.5	41.6			1 590	108	870	107	3×10	
58	200QJ40-39/3	40	39	7.5	18	2 850	2.5	485	38	705	79	3×4	184
59	200QJ40-52/4		52	9.2	21.7			620	47	750	79	3×6	
60	200QJ40-65/5		65	11	25.8			915	64	765	82	3×6	
61	200QJ40-78/6		78	15	33.9			1 050	73	815	90	3×6	
62	200QJ40-91/7		91	18.5	41.6			1 185	82	870	107	3×6	
63	200QJ40-104/8		104	22	48.2			1 320	91	870	107	3×10	
64	200QJ40-117/9		117	22	48.2			1 455	100	970	118	3×10	

续附表 1

序号	型号	流量 /(m^3/h)	扬程 /m	电机功率 /kW	额定电流 /A	转速 /(r/min)	出水管直径/(″)	潜水泵		配套潜水电机		配套电缆	电泵最大外径 /mm
								高度 /mm	重量 /kg	高度 /mm	重量 /kg	规格	
65	200QJ50-39/3	50	39	9.2	21.7	2 850	3	530	43	750	79	3×4	184
66	200QJ50-52/4		52	11	25.8			805	53	765	82	3×6	
67	200QJ50-65/5		65	15	33.9			960	64	815	90	3×6	
68	200QJ50-78/6		78	18.5	41.6			1 170	85	870	107	3×6	
69	200QJ50-91/7		91	22	48.2			1 320	96	970	118	3×10	
70	200QJ50-104/8		104	25	54.5			1 270	86	1 040	125	3×10	
71	200QJ50-117/9		117	30	65.4			1 425	97	1 105	139	3×16	
72	200QJ50-130/10		130	30	65.4			1 580	108	1 105	139	3×16	
73	200QJ63-36/3	63	36	11	25.8	2 850	3	510	31	765	85	3×6	184
74	200QJ63-48/4		48	15	33.9			655	42	815	90	3×6	
75	200QJ63-60/5		60	18.5	41.6			800	54	870	107	3×6	
76	200QJ63-72/6		72	22	48.2			1 080	76	1 030	124.5	3×10	
77	200QJ63-84/7		84	25	54.5			1 225	94	1 100	131.5	3×10	
78	200QJ63-96/8		96	30	65.4			1 370	116	1 165	145.5	3×16	
79	200QJ63-105/5		105	30	65.4			1 028	138	1 165	145.5	3×16	
80	200QJ63-126/6		126	37	79.7			1 173	160	1 245	163	3×16	

续附表 1

序号	型号	流量/(m^3/h)	扬程/m	电机功率/kW	额定电流/A	转速/(r/min)	出水管直径/(″)	潜水泉		配套潜水电机		配套电缆	电泵最大外径/mm
								高度/mm	重量/kg	高度/mm	重量/kg	规格	
81	200QJ80-33/3	80	33	11	25.8	2 850	4	618	52	765	85	3×6	184
82	200QJ80-44/4		44	15	33.9			773	62	815	90	3×6	
83	200QJ80-55/5		55	18.5	41.6			928	72	870	107	3×10	
84	200QJ80-66/6		66	22	48.2			1 083	82	1 030	124.5	3×10	
85	200QJ80-77/7		77	30	65.4			1 396	93	1 165	145.5	3×16	
86	200QJ80-88/8		88	30	65.4			1 551	114	1 165	145.5	3×16	
87	200QJ80-99/9		99	37	79.7			1 706	135	1 245	163	3×16	
88	200QJ80-110/10		110	37	79.7			1 861	156	1 245	163	3×16	
89	200QJ80-121/11		121	45	96.9			2 016	177	1 350	182	3×16	
90	250QJ50-40/2	50	40	9.2	21.7	2 875	3	476	48	750	79	3×4	233
91	250QJ50-60/3		60	13	29.8			636	63	780	87	3×6	
92	250QJ50-80/4		80	18.5	40.8			994	88	961	135.6	3×6	
93	250QJ50-100/5		100	22	47.9			1154	104	981	143.6	3×10	
94	250QJ50-120/6		120	25	53.8			1314	119	1001	150.6	3×16	

续附表 1

序号	型号	流量 /(m^3/h)	扬程 /m	电机功率 /kW	额定电流 /A	转速 /(r/min)	出水管直径/(″)	潜水泵		配套潜水电机		配套电缆	电泵最大外径 /mm
								高度 /mm	重量 /kg	高度 /mm	重量 /kg	规格	
95	250QJ80-40/2		40	15	33.9			420	38.6	815	90	3×6	
96	250QJ80-60/3		60	22	47.9			555	55	981	143.6	3×10	
97	250QJ80-80/4	80	80	30	64.2	2 875	4	860	88.6	1 036	160.6	3×16	
98	250QJ80-100/5		100	37	77.8			995	105	1 076	165.6	3×16	
99	250QJ80-120/6		120	45	94.1			1 130	121.4	1 141	170.6	3×16	
100	250QJ100-36/2		36	15	33.9			420	35	815	90	3×6	
101	250QJ100-54/3		54	25	53.8			555	50	1 001	150.6	3×16	
102	250QJ100-72/4		72	30	64.2			860	65	1 036	160.6	3×16	
103	250QJ100-90/5	100	90	45	94.1	2 875	4	995	98	1 141	170.6	3×25	233
104	250QJ100-108/6		108	45	94.1			1 130	117	1 141	170.6	3×25	
105	250QJ100-126/7		126	55	114.3			1 365	136	1 216	180.6	3×25	

续附表 1

序号	型号	流量/(m^3/h)	扬程/m	电机功率/kW	额定电流/A	转速/(r/min)	出水管直径/(″)	潜水泵		配套潜水电机		配套电缆	电泵最大外径/mm
								高度/mm	重量/kg	高度/mm	重量/kg	规格	
106	250QJ125-32/2	125	32	18.5	40.8	2 875	5	480	44.4	961	135.6	3×6	233
107	250QJ125-48/3		48	25	53.8			645	59.4	1 001	150.6	3×16	
108	250QJ125-64/4		64	37	77.8			810	74.4	1 076	165.6	3×16	
109	250QJ125-80/5		80	45	94.1			1 145	109	1 141	170.6	3×16	
110	250QJ125-96/6		96	55	114.3			1 310	124	1 216	180.6	3×25	
111	250QJ125-112/7		112	63	130.9			1 475	139	1 461	231	3×35	
112	250QJ125-128/8		128	75	152.3			1 640	154	1 611	274	3×35	
113	250QJ140-30/2	140	30	18.5	40.8	2 875	5	480	48	961	135.6	3×6	233
114	250QJ140-45/3		45	30	64.2			645	68	1 036	160.6	3×16	
115	250QJ140-60/4		60	37	77.8			810	88	1 076	165.6	3×16	
116	250QJ140-75/5		75	45	94.1			1 145	108	1 141	170.6	3×16	
117	250QJ140-90/6		90	55	114.3			1 310	128	1 216	180.6	3×25	
118	250QJ140-105/7		105	63	130.9			1 475	148	1 461	231	3×35	
119	250QJ140-120/8		120	75	152.3			1 640	168	1 561	274	3×35	

续附表 1

序号	型号	流量/(m^3/h)	扬程/m	电机功率/kW	额定电流/A	转速/(r/min)	出水管直径/(″)	潜水泵		配套潜水电机		配套电缆	电泵最大外径/mm
								高度/mm	重量/kg	高度/mm	重量/kg	规格	
120	250QJ150-40/2	150	40	30	64.2	2 875	5	640	70	1 036	160.6	3×16	233
121	250QJ150-60/3		60	45	94.1			860	88	1 141	170.6	3×25	
122	250QJ150-80/4		80	55	114.3			1 300	144	1 216	180.6	3×25	
123	250QJ150-100/5		100	63	130.9			1 520	162	1 461	231	3×35	
124	250QJ150-120/6		120	75	152.3			1 740	180	1 611	274	3×35	
125	250QJ160-36/2	160	36	25	53.8	2 875	5	640	200	1 001	150.6	3×16	233
126	250QJ160-54/3		54	37	77.8			860	220	1 076	165.6	3×16	
127	250QJ160-72/4		72	55	114.3			1 300	240	1 216	180.6	3×25	
128	250QJ160-90/5		90	63	130.9			1 520	260	1 461	231	3×35	
129	300QJ140-42/2	140	42	25	53.8	2 900	5	640	72	1 001	150.6	3×16	281
130	300QJ140-63/3		63	37	77.8			860	118	1 076	165.6	3×16	
131	300QJ140-84/4		84	55	114.3			1 300	140	1 216	180.6	3×25	
132	300QJ140-105/5		105	63	130.9			1 520	162	1 619	462	3×35	
133	300QJ140-126/6		126	75	152.3			1 740	184	1 659	481	3×35	
134	300QJ160-60/2	160	60	45	94.1	2 900	5	600	100	1 141	170.6	3×25	
135	300QJ160-90/3		90	63	130.9			1 050	160	1 619	462	3×35	

续附表 1

序号	型号	流量/(m³/h)	扬程/m	电机功率/kW	额定电流/A	转速/(r/min)	出水管直径/(″)	潜水泵		配套潜水电机		配套电缆	电泵最大外径/mm
								高度/mm	重量/kg	高度/mm	重量/kg	规格	
136	300QJ200-40/2	200	40	37	77.8	2 900	5	600	70	1 076	165.6	3×16	281
137	300QJ200-60/3		60	55	114.3			800	100	1 216	180.6	3×25	
138	300QJ200-80/4		80	75	152.3			1 250	158	1 659	481	3×35	
139	300QJ200-100/5		100	90	182.8			1 450	188	1 714	507	3×50	
140	300QJ200-120/6		120	110	220.8			1 650	218	1 784	540	3×50	
141	300QJ230-40/2	230	40	45	94.1	2 900	5	600	75	1 141	170.6	3×16	281
142	300QJ230-60/3		60	75	152.3			800	110	1 619	462	3×25	
143	300QJ230-80/4		80	90	182.8			1 250	140	1 714	507	3×50	
144	300QJ250-48/2	250	48	55	114.3	2 900	6	660	135	1 216	180.6	3×25	281
145	300QJ250-72/3		72	90	182.8			1 140	185	1 714	507	3×50	
146	300QJ320-56/2	320	56	75	152.3	2 900	8	660	160	1 654	481	3×35	281
147	300QJ320-84/3		84	125	249.5			1 140	260	1 784	540	3×50	
148	350QJ250-50/2	250	50	63	130.9	2 900	6	851	125	1 619	462	3×35	330
149	350QJ250-75/3		75	90	182.8			1 389	180	1 714	507	3×50	
150	350QJ250-100/4		100	125	249.5			1 667	235	1 874	640	3×70	
151	350QJ250-125/5		125	160	317.5			1 945	290	2 144	602	3×95	
152	350QJ320-60/2	320	60	90	182.8	2 900	8	851	151	1 714	507	3×50	
153	350QJ320-90/3		90	140	277.8			1 389	228	1 994	622	3×70	
154	350QJ320-120/4		120	160	317.5			1 667	305	2 144	647	3×95	
155	400QJ500-40/1	500	40	90	182.8	2 900	8	640	100	1 714	507	3×50	377
156	400QJ500-80/2		80	185	367.1			1 230	200	2 244	688	3×120	

注：表中产品为上西天海泵业有限公司产品。

附录二　单级单吸卧式离心泵主要技术参数

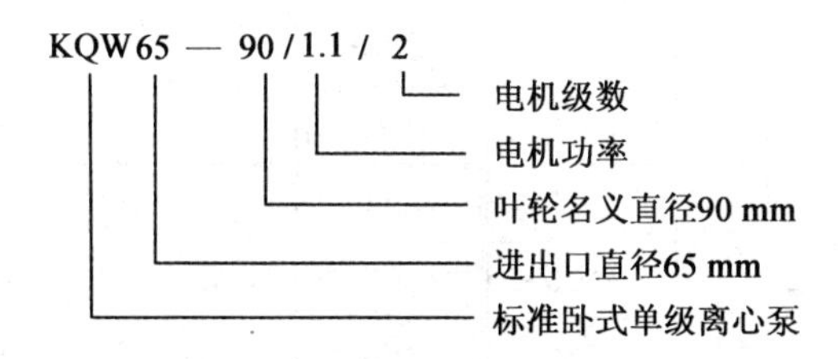

直联式离心泵型号说明

附表 2

序号	规格型号	流量/(m³/h)	总扬程/m	电机功率/kW	转速/(r/min)	必需汽蚀余量/m	重量/kg
1	KQW65/125-3/2	17.5	21.5	3	2 960	2.5	64
		25	20				
		30	18				
2	KQW65/140-3/2	15	26	3	2 960	2.5	64
		21.6	24				
		26	20.6				
3	KQW65/150-4/2	16.4	30	4	2 960	2.5	75
		23.4	28				
		28	24				
4	KQW65/160-4/2	17.5	34.3	4	2 960	2.5	75
		25	32				
		30	27.5				
5	KQW65/170-5.5/2	15	40	5.5	2 960	2.5	100
		21.6	38				
		26.2	34.5				
6	KQW65/185-7.5/2	16.4	46.4	7.5	2 960	2.5	107
		23.4	44				
		28	40				
7	KQW65/200-7.5/2	17.5	52.7	7.5	2 960	2.5	107
		25	50				
		30	45.5				

续附表 2

序号	规格型号	流量 /(m^3/h)	总扬程 /m	电机功率 /kW	转速 /(r/min)	必需汽蚀余量/m	重量 /kg
8	KQW80/125-5.5/2	35	22	5.5	2 960	3	105
		50	20				
		60	17				
9	KQW80/140-5.5/2	30.3	26	5.5	2 960	3	105
		43.3	24				
		52	21				
10	KQW80/150-7.5/2	32.7	30.6	7.5	2 960	3	112
		46.7	28				
		56	24				
11	KQW80/160-7.5/2	35	35	7.5	2 960	3	112
		50	32				
		60	28				
12	KQW80/170-7.5/2	30.5	40.6	7.5	2 960	3	115
		43.5	38				
		52	33.4				
13	KQW80/185-11/2	32.8	47	11	2 960	3	165
		47	44				
		56.4	40				
14	KQW80/200-15/2	35	53.5	15	2 960	3	175
		50	50				
		60	46				
15	KQW80/220-15/2	30	62	15	2 960	3	175
		43.3	60				
		52	54				
16	KQW80/235-18.5/2	32.5	73	18.5	2 960	3	203
		46.7	70				
		56	63				
17	KQW80/250-22/2	35	83	22	2 960	3	235
		50	80				
		60	72				

续附表 2

序号	规格型号	流量/(m^3/h)	总扬程/m	电机功率/kW	转速/(r/min)	必需汽蚀余量/m	重量/kg
18	KQW100/125-11/2	70	23.5	11	2 960	4.5	177
		100	20				
		120	14				
19	KQW100/140-11/2	60.6	27	11	2 960	4.5	177
		86.6	24				
		104	18				
20	KQW100/150-11/2	65.4	32	11	2 960	4.5	178
		93.5	28				
		112	21				
21	KQW100/160-15/2	70	36.5	15	2 960	4.5	188
		100	32				
		120	24				
22	KQW100/170-15/2	61	41	15	2 960	4	189
		87	38				
		104	32				
23	KQW100/185-18.5/2	65.4	47.5	18.5	2 960	4	218
		93.5	44				
		112	37				
24	KQW100/200-22/2	70	54	22	2 960	4	250
		100	50				
		120	42				
25	KQW100/220-30/2	61	65	30	2 960	4	330
		87	60				
		104	50				
26	KQW125/140-15/2	83	27.5	15	2 960	4	191
		138	24				
		166	21				
27	KQW125/150-18.5/2	90	31.5	18.5	2 960	4	210
		150	28				
		180	24.5				

续附表 2

序号	规格型号	流量/(m^3/h)	总扬程/m	电机功率/kW	转速/(r/min)	必需汽蚀余量/m	重量/kg
28	KQW125/160-22/2	96	36	22	2 960	4	255
		160	32				
		192	28				
29	KQW125/170-22/2	83	41.3	22	2 960	5.5	255
		138	37.5				
		166	34.5				
30	KQW125/185-30/2	90	48.4	30	2 960	5.5	315
		150	44				
		180	40.5				
31	KQW125/200-37/2	96	55	37	2 960	5.5	330
		160	50				
		192	46				
32	KQW125/220-37/2	83	65	37	2 960	5	340
		138	60				
		166	55				
33	KQW80/315-5.5/4	15	32.5	5.5	1 480	2.8	130
		25	32				
		30	31.5				
34	KQW100/250-5.5/4	30	21.3	5.5	1 480	3	140
		50	20				
		60	19				
35	KQW100/285-5.5/4	24.3	22.3	5.5	1 480	3	163
		40.5	21				
		48.6	19.1				
36	KQW100/300-7.5/4	28	29.6	7.5	1 480	3	176
		46.7	27.9				
		56	26.1				
37	KQW100/315-11/4	30	34	11	1 480	3	223
		50	32				
		60	30				

续附表 2

序号	规格型号	流量/(m^3/h)	总扬程/m	电机功率/kW	转速/(r/min)	必需汽蚀余量/m	重量/kg
38	KQW125/300-11/4	55	28	11	1 480	3	214
		91	27				
		110	25.7				
39	KQW125/315-15/4	60	33.5	15	1 480	3	228
		100	32				
		120	30.5				
40	KQW125/320-15/4	48.6	34	15	1 480	3	239
		81	32.8				
		97	32				
41	KQW125/345-18.5/4	52.3	39	18.5	1 480	3	287
		87	38				
		105	37				
42	KQW125/370-22/4	56.4	46	22	1 480	3	295
		94	44				
		113	43				
43	KQW125/400-30/4	60	52	30	1 480	3	375
		100	50				
		120	48.5				
44	KQW150/285-18.5/4	121	25.8	18.5	1 480	3.5	330
		173	24				
		208	20.7				
45	KQW150/300-22/4	131	29.5	22	1 480	3.5	350
		187	28				
		225	24.5				
46	KQW150/315-30/4	140	33.8	30	1 480	3.5	420
		200	32				
		240	28				
47	KQW150/320-22/4	112	34	22	1 480	3.5	352
		160	32				
		192	28				

续附表 2

序号	规格型号	流量 /(m^3/h)	总扬程 /m	电机功率 /kW	转速 /(r/min)	必需汽蚀余量/m	重量 /kg
48	KQW150/345-30/4	122	40	30	1 480	3.5	423
		174	38				
		209	33				
49	KQW150/370-37/4	131	46.6	37	1 480	3.5	440
		187	44				
		225	38.3				
50	KQW150/400-45/4	140	53	45	1 480	3.5	490
		200	50				
		240	44				
51	KQW150/410-55/4	121	64	55	1 480	4	630
		173	60				
		208	55.5				
52	KQW150/435-75/4	131	74	75	1 480	4	674
		187	70				
		224	65				
53	KQW200/300-37/4(Z)	196	31.5	37	1 480	4	560
		280	28				
		336	23				
54	KQW200/315-45/4(Z)	210	36	45	1 480	4	600
		300	32				
		360	26				
55	KQW200/320-37/4(Z)	171	34.9	37	1 480	4	600
		245	32				
		294	25				
56	KQW200/345-45/4(Z)	182	41.4	45	1 480	4	600
		262	38				
		312	29.6				
57	KQW200/370-55/4(Z)	196	48	55	1 480	4	708
		280	44				
		336	34				

续附表 2

序号	规格型号	流量 /(m³/h)	总扬程 /m	电机功率 /kW	转速 /(r/min)	必需汽蚀余量/m	重量 /kg
58	KQW200/400-75/4(Z)	210	54.5	75	1 480	4	850
		300	50				
		360	39				
59	KQW200/410-75/4(Z)	182	64	75	1 480	4.5	816
		262	60				
		312	54				
60	酞 KQW200/300-45/4	262	31.5	45	1 480	4	600
		374	28				
		449	23				
61	KQW200/315-55/4	280	36	55	1 480	4	708
		400	32				
		480	26				
62	KQW200/320-45/4	224	34.9	45	1 480	4	600
		320	32				
		384	25				
63	KQW200/345-55/4	242	41.4	55	1 480	4	708
		346	38				
		415	29.6				
64	KQW200/370-75/4	262	48	75	1 480	4	850
		374	44				
		449	34				
65	KQW200/400-75/4	280	54.5	75	1 480	4	850
		400	50				
		480	39				
66	KQW250/345-75/4	336	40	75	1 480	5.5	925
		460	37				
		552	30				
67	KQW250/370-90/4	365	47	90	1 480	5.5	1 030
		500	44				
		600	35				

续附表 2

序号	规格型号	流量/(m³/h)	总扬程/m	电机功率/kW	转速/(r/min)	必需汽蚀余量/m	重量/kg
68	KQW300/525-90/6	420	41	90	980	5.5	1 250
		600	38				
		720	32				
69	KQW300/550-110/6	460	47	110	980	5.5	1 600
		660	44				
		790	36				

注:表中产品规格为上海凯泉泵业(集团)有限公司产品。

附表 3　单级单吸离心泵主要技术参数

产品编号	规格型号	流量/(m³/h)	总扬程/m	电机功率/kW	转速/(r/min)	必需汽蚀余量/m	重量/kg
1	KQW65/125-3/2	17.5	21.5	3	2 960	2.5	64
		25	20				
		30	18				
2	KQW65/140-3/2	15	26	3	2 960	2.5	64
		21.6	24				
		26	20.6				
3	KQW65/150-4/2	16.4	30		2 960	2.5	75
		23.4	28				
		28	24				
4	KQW65/160-4/2	17.5	34.3	4	2 960	2.5	75
		25	32				
		30	27.5				
5	KQW65/170-5.5/2	15	40	5.5	2 960	2.5	100
		21.6	38				
		26.2	34.5				
6	KQW65/185-7.5/2	16.4	46.4	7.5	2 960	2.5	107
		23.4	44				
		28	40				
7	KQW65/200-7.5/2	17.5	52.7	7.5	2 960	2.5	107
		25	50				
		30	45.5				

续附表 3

产品编号	规格型号	流量/(m^3/h)	总扬程/m	电机功率/kW	转速/(r/min)	必需汽蚀余量/m	重量/kg
8	KQW80/125-5.5/2	35	22	5.5	2 960	3	105
		50	20				
		60	17				
9	KQW80/140-5.5/2	30.3	26	5.5	2 960	3	105
		43.3	24				
		52	21				
10	KQW80/150-7.5/2	32.7	30.6	7.5	2 960	3	112
		46.7	28				
		56	24				
11	KQW80/160-7.5/2	35	35	7.5	2 960	3	112
		50	32				
		60	28				
12	KQW80/170-7.5/2	30.5	40.6	7.5	2 960	3	115
		43.5	38				
		52	33.4				
13	KQW80/185-11/2	32.8	47	11	2 960	3	165
		47	44				
		56.4	40				
14	KQW80/200-15/2	35	53.5	15	2 960	3	175
		50	50				
		60	46				
15	KQW80/220-15/2	30	62	15	2 960	3	175
		43.3	60				
		52	54				
16	KQW80/235-18.5/2	32.5	73	18.5	2 960	3	203
		46.7	70				
		56	63				
17	KQW80/250-22/2	35	83	22	2 960	3	235
		50	80				
		60	72				

续附表 3

产品编号	规格型号	流量/(m^3/h)	总扬程/m	电机功率/kW	转速/(r/min)	必需汽蚀余量/m	重量/kg
18	KQW100/125-11/2	70	23.5	11	2 960	4.5	177
		100	20				
		120	14				
19	KQW100/140-11/2	60.6	27	11	2 960	4.5	177
		86.6	24				
		104	18				
20	KQW100/150-11/2	65.4	32	11	2 960	4.5	178
		93.5	28				
		112	21				
21	KQW100/160-15/2	70	36.5	15	2 960	4.5	188
		100	32				
		120	24				
22	KQW100/170-15/2	61	41	15	2 960	4	189
		87	38				
		104	32				
23	KQW100/185-18.5/2	65.4	47.5	18.5	2 960	4	218
		93.5	44				
		112	37				
24	KQW100/200-22/2	70	54	22	2 960	4	250
		100	50				
		120	42				
25	KQW100/220-30/2	61	65	30	2 960	4	330
		87	60				
		104	50				
26	KQW125/140-15/2	83	27.5	15	2 960	4	191
		138	24				
		166	21				
27	KQW125/150-18.5/2	90	31.5	18.5	2 960	4	210
		150	28				
		180	24.5				

续附表 3

产品编号	规格型号	流量/(m³/h)	总扬程/m	电机功率/kW	转速/(r/min)	必需汽蚀余量/m	重量/kg
28	KQW125/160-22/2	96	36	22	2 960	4	255
		160	32				
		192	28				
29	KQW125/170-22/2	83	41.3	22	2 960	5.5	255
		138	37.5				
		166	34.5				
30	KQW125/185-30/2	90	48.4	30	2 960	5.5	315
		150	44				
		180	40.5				
31	KQW125/200-37/2	96	55	37	2 960	5.5	330
		160	50				
		192	46				
32	KQW125/220-37/2	83	65	37	2 960	5	340
		138	60				
		166	55				
33	KQW80/315-5.5/4	15	32.5	5.5	1 480	2.8	130
		25	32				
		30	31.5				
34	KQW100/250-5.5/4	30	21.3	5.5	1 480	3	140
		50	20				
		60	19				
35	KQW100/285-5.5/4	24.3	22.3	5.5	1 480	3	163
		40.5	21				
		48.6	19.1				
36	KQW100/300-7.5/4	28	29.6	7.5	1 480	3	176
		46.7	27.9				
		56	26.1				
37	KQW100/315-11/4	30	34	11	1 480	3	223
		50	32				
		60	30				

续附表 3

产品编号	规格型号	流量/(m³/h)	总扬程/m	电机功率/kW	转速/(r/min)	必需汽蚀余量/m	重量/kg
38	KQW125/300-11/4	55	28	11	1 480	3	214
		91	27				
		110	25.7				
39	KQW125/315-15/4	60	33.5	15	1 480	3	228
		100	32				
		120	30.5				
40	KQW125/320-15/4	48.6	34	15	1 480	3	239
		81	32.8				
		97	32				
41	KQW125/345-18.5/4	52.3	39	18.5	1 480	3	287
		87	38				
		105	37				
42	KQW125/370-22/4	56.4	46	22	1 480	3	295
		94	44				
		113	43				
43	KQW125/400-30/4	60	52	30	1 480	3	375
		100	50				
		120	48.5				
44	KQW150/285-18.5/4	121	25.8	18.5	1 480	3.5	330
		173	24				
		208	20.7				
45	KQW150/300-22/4	131	29.5	22	1 480	3.5	350
		187	28				
		225	24.5				
46	KQW150/315-30/4	140	33.8	30	1 480	3.5	420
		200	32				
		240	28				
47	KQW150/320-22/4	112	34	22	1 480	3.5	352
		160	32				
		192	28				

续附表 3

产品编号	规格型号	流量/(m^3/h)	总扬程/m	电机功率/kW	转速/(r/min)	必需汽蚀余量/m	重量/kg
48	KQW150/345-30/4	122	40	30	1 480	3.5	423
		174	38				
		209	33				
49	KQW150/370-37/4	131	46.6	37	1 480	3.5	440
		187	44				
		225	38.3				
50	KQW150/400-45/4	140	53	45	1 480	3.5	490
		200	50				
		240	44				
51	KQW150/410-55/4	121	64	55	1 480	4	630
		173	60				
		208	55.5				
52	KQW150/435-75/4	131	74	75	1 480	4	674
		187	70				
		224	65				
53	KQW200/300-37/4(Z)	196	31.5	37	1 480	4	560
		280	28				
		336	23				
54	KQW200/315-45/4(Z)	210	36	45	1 480	4	600
		300	32				
		360	26				
55	KQW200/320-37/4(Z)	171	34.9	37	1 480	4	600
		245	32				
		294	25				
56	KQW200/345-45/4(Z)	182	41.4	45	1 480	4	600
		262	38				
		312	29.6				
57	KQW200/370-55/4(Z)	196	48	55	1 480	4	708
		280	44				
		336	34				
58	KQW200/400-75/4(Z)	210	54.5	75	1 480	4	850
		300	50				
		360	39				

续附表 3

产品编号	规格型号	流量/(m^3/h)	总扬程/m	电机功率/kW	转速/(r/min)	必需汽蚀余量/m	重量/kg
59	KQW200/410-75/4(Z)	182	64	75	1 480	4.5	816
		262	60				
		312	54				
60	KQW200/300-45/4	262	31.5	45	1 480	4	600
		374	28				
		449	23				
61	KQW200/315-55/4	280	36	55	1 480	4	708
		400	32				
		480	26				
62	KQW200/320-45/4	224	34.9	45	1 480	4	600
		320	32				
		384	25				
63	KQW200/345-55/4	242	41.4	55	1 480	4	708
		346	38				
		415	29.6				
64	KQW200/370-75/4	262	48	75	1 480	4	850
		374	44				
		449	34				
65	KQW200/400-75/4	280	54.5	75	1 480	4	850
		400	50				
		480	39				
66	KQW250/345-75/4	336	40	75	1 480	5.5	925
		460	37				
		552	30				
67	KQW250/370-90/4	365	47	90	1 480	5.5	1 030
		500	44				
		600	35				
68	KQW300/525-90/6	420	41	90	980	5.5	1 250
		600	38				
		720	32				
69	KQW300/550-110/6	460	47	110	980	5.5	1 600
		660	44				
		790	36				

注：表中KQW系列单级单吸离心泵，为上海凯泉泵业(集团)有限公司的部分产品，具体的产品性能参数、外形尺寸、安装尺寸等在使用时，以厂家给出的信息为准，此表仅供参考。

附录三　其他规格参数

附表 4　普通焊接钢管规格及参数

序号	公称直径/mm	外径/mm	壁厚/mm	内径/mm
1	20	26.8	2.75	21.3
2	25	33.5	3.25	27.0
3	32	42.3	3.25	35.8
4	40	48.0	3.5	41.0
5	50	60.0	3.5	53.0
6	65	75.5	3.75	68.0
7	80	88.5	4.0	80.5
8	100	114.0	4.0	106.0
9	125	140.0	4.5	131.0
10	150	165.0	4.5	156.0
11	175	194	10	174
12	200	219	10	199
13	225	245	10	225
14	250	273	10	253
15	275	299	10	279
16	300	325	10	305
17	325	351	10	331
18	350	377	10	357
19	400	426	10	406
20	450	478	10	458

附表 5 PY1 系列金属摇臂式喷头性能参数

型号	接头形式及尺寸	喷嘴直径/mm	工作压力/kPa	喷头流量/(m³/h)	喷头射程/m	喷灌强度/(mm/h)
$PY_1 10$	$G\frac{1}{2}$	3	100	2.31	10.0	2.00
			200	0.44	11.0	1.16
		4	100	4.56	11.0	5.47
			200	0.79	12.5	1.61
		5	100	6.87	12.5	6.77
			200	1.23	14.0	2.00
$PY_1 10Sh$（双喷嘴）	$G\frac{1}{2}$	3.5×3	150	8.90	11.0	2.37
			250	1.16	12.0	2.56
		4×3	150	9.00	11.5	2.40
			250	1.37	13.0	2.58
		5×3	150	10.44	12.5	2.93
			250	1.86	14.0	3.02
$PY_1 15$	$G\frac{3}{4}$	4	200	0.79	13.5	1.38
			300	0.96	15.0	1.36
		5	200	1.23	15.0	1.75
			300	1.51	16.5	1.76
$PY_1 15$	$G\frac{3}{4}$	6	200	2.77	15.5	2.35
			300	2.11	17.0	2.38
		7	200	2.41	16.5	2.82
			300	2.96	18.0	2.92
$PY_1 15Sh$（双喷嘴）	$G\frac{3}{4}$	4×3	200	1.20	12.5	2.13
			300	1.50	13.5	2.62
		5×3	200	1.65	14.0	2.68
			300	2.05	15.5	2.23
		6×3	200	2.22	15.0	3.14
			300	2.71	16.5	3.17
		7×3	200	2.85	16.0	3.54
			300	3.50	17.5	3.64
$PY_1 20$	G1	6	300	2.17	18.0	2.14
			400	2.50	19.5	2.10
$PY_1 20$	G1	7	300	2.96	19.0	2.63
			400	3.41	20.5	2.58
$PY_1 20$	G1	8	300	3.94	20.0	3.13
			400	4.55	22.0	3.01
		9	300	4.88	22.0	3.22
			400	5.64	23.5	3.26

续附表 5

型号	接头形式及尺寸	喷嘴直径/mm	工作压力/kPa	喷头流量/(m^3/h)	喷头射程/m	喷灌强度/(mm/h)
$PY_1$20Sh(双喷嘴)	G1	6×4	300	3.14	17.5	3.26
			400	3.16	19.0	3.05
		7×4	300	3.92	18.5	3.65
			400	4.37	20.0	3.48
		8×4	300	4.90	19.5	4.10
			400	5.51	21.0	3.97
		9×4	300	5.84	20.5	4.12
			400	6.60	22.0	4.33
$PY_1$30	G1 $\frac{1}{2}$	9	300	4.88	23.0	2.94
			400	5.64	21.5	3.00
		10	300	6.02	23.5	3.18
			400	6.96	25.5	3.12
		11	300	7.30	21.5	3.88
			400	8.12	27.0	3.72
		12	300	8.69	25.5	4.25
			400	10.00	28.0	4.07
$PY_1$40	G2	12	300	8.69	26.5	2.94
		13	300	10.30	27.0	4.83
		14	300	12.80	29.5	4.68
		15	300	14.70	30.5	5.05
		16	300	16.70	31.5	5.38
$PY_1$50	G2 $\frac{1}{2}$	16	400	17.80	34.0	4.92
		17	400	20.20	35.6	5.12
		18	400	22.60	36.5	5.42
		19	400	25.20	37.5	5.72
		20	400	27.90	38.5	5.99

注:1. 以 $PY_1$20Sh 为例:P——喷头;Y——摇臂式;1——1 型;20——进水口公称直径,mm;Sh——双喷嘴。2. 1 in=25.4 mm,下同。

附表 6　PY2 型 10 系列金属摇臂式喷头的性能参数

型号	接头/in	喷嘴直径/mm	工作压力/kPa	喷头流量/(m^3/h)	喷头射程/m				喷灌强度/(mm/h)			
					7°	15°	22°	30°	7°	15°	22°	30°
$10PY_2$	ZG $\frac{1}{2}$ 外螺纹	2.5	200	0.31	7.4	8.3	9.3	9.8	1.80	1.43	1.14	1.03
			250	0.35	7.8	8.9	9.6	10.2	1.83	1.41	1.21	1.07
			300	0.38	8.4	9.5	10.0	10.5	1.71	1.34	1.21	1.10
		3.0	200	0.45	7.8	8.6	9.8	10.3	2.35	1.94	1.49	1.35
			250	0.51	8.2	9.1	10.1	10.6	2.41	1.96	1.59	1.44
			300	0.56	8.7	9.8	10.5	11.0	2.35	1.86	1.62	1.47
		3.5	200	0.62	8.5	9.1	10.3	10.8	2.73	2.38	1.86	1.69
			250	0.69	9.0	9.7	10.6	11.1	2.71	2.33	1.96	1.78
			300	0.75	9.5	10.1	11.0	11.5	2.65	2.34	1.97	1.81
	ZG $\frac{1}{2}$ 外螺纹	4.0	200	0.81	8.8	9.5	10.5	11.5	3.33	2.86	2.34	1.95
			250	0.90	9.1	10.0	10.8	11.8	3.46	2.86	1.46	2.06
			300	0.98	9.7	10.6	11.1	12.1	3.32	2.78	2.53	2.13
		4.5	200	1.02	9.0	10.0	11.0	12.5	4.01	3.25	2.68	2.08
			250	1.14	9.6	10.5	11.5	13.0	3.94	3.29	2.74	2.15
			300	1.25	10.2	11.1	12.0	13.5	3.82	3.23	2.76	2.18
		2.5×2.0	200	0.51	7.4	8.3	9.3	9.8	2.96	2.36	1.88	1.69
			250	0.57	7.8	8.9	9.6	10.2	2.98	2.29	1.97	1.74
			300	0.62	8.4	9.5	10.0	10.5	2.80	12.19	1.97	1.79
		3.0×2.0	200	0.65	7.8	8.6	9.8	10.3	3.40	2.80	2.15	1.95
			250	0.73	8.2	9.1	10.1	10.6	3.46	2.81	2.28	2.07
			300	0.80	8.7	9.8	10.5	11.0	3.36	2.65	2.31	2.10
		3.5×2.5	200	0.82	8.5	9.1	10.3	10.8	3.61	3.15	2.46	2.24
			250	0.91	9.0	9.7	10.6	11.1	3.58	3.08	2.58	2.35
			300	0.99	9.5	10.1	11.0	11.5	3.49	3.09	2.64	2.38
		4.0×2.5	200	1.25	8.8	9.5	10.8	11.8	5.14	4.41	3.41	2.86
			250	1.36	9.1	10.0	11.1	12.1	5.23	4.33	3.51	2.96
			300	1.47	9.7	10.6	11.5	12.5	4.97	4.16	3.54	2.99
		4.5×2.5	200	1.49	9.0	10.0	11.5	13.0	5.86	4.74	3.59	2.81
			250	1.63	9.6	10.5	12.0	13.5	5.63	4.71	3.60	2.85
			300	1.76	10.2	11.1	13.5	14.0	5.38	4.55	3.07	2.86

注：以 $10PY_2$ 为例：10——进水口公称直径，mm；P——喷头；Y——摇臂式；2——2 型。

附表 7 PY2 型 30、40 系列金属摇臂式喷头的性能参数

型号	接头 /in	喷嘴直径 /mm	工作压力 /kPa	喷头流量 /(m^3/h)	喷头射程/m		喷灌强度/(mm/h)	
					22.5°	27°	22.5°	27°
$30PY_2$	G1 $\frac{1}{2}$	9.0	300	5.00	21.0	22.5	3.61	3.14
			350	5.40	22.0	23.5	3.55	3.11
			400	5.77	22.5	24.0	3.62	3.19
		9.5	300	5.57	21.5	23.0	3.84	3.35
			350	6.01	22.5	24.0	3.78	3.32
			400	6.43	23.0	24.5	3.87	3.41
		10.0	300	6.17	22.0	23.5	4.06	3.56
			350	6.66	23.0	24.5	4.01	3.53
			400	7.12	24.0	25.5	3.93	3.49
		10.5	300	6.80	22.5	24.0	4.28	3.76
			350	7.35	23.5	25.0	4.24	3.74
			400	7.86	24.5	26.0	4.18	3.70
		11.0	300	7.47	23.0	24.5	4.19	3.96
			350	8.06	24.0	25.5	4.45	3.95
			400	8.62	25.5	27.0	4.22	3.76
		11.5	300	8.16	23.5	25.0	4.70	4.16
			350	8.81	24.5	26.0	4 67	4 15
			400	9.42	26.0	27.5	4.43	3.96
		12.0	300	8.89	24.0	25.5	4.91	4.35
			350	9.60	25.5	27.0	4.70	4.19
			400	10.26	26.5	28.0	4.65	4.17
		9.0×4.0	300	5.98	21.0	22.5	4.32	3.76
			350	6.46	22.0	23.5	4.25	3.72
			400	6.91	22.5	24.0	4.34	3.82
		9.5×4.0	300	6.55	21.5	23.0	4.51	3.94
			350	7.08	22.5	24.0	4.45	3.91
			400	7.57	23.0	24.5	4 55	4.01
		10.0×4.0	300	7.16	22.0	23.5	4.71	4.13
			350	7.73	23.0	24.5	4.65	4.10
			400	3.27	24.0	25.5	4.57	4.05
		10.0×4.5	300	7.42	22.0	23.5	4.88	4.28
			350	8.01	23.0	24.5	4.82	4.25
			400	8.57	24.0	25.5	4.74	4.20

参 考 文 献

[1] 张志新.滴灌工程规划设计原理与应用 .北京：水利水电出版社，2007
[2] 严以绥.膜下滴灌系统规划设计与应用 .北京：中国农业出版社，2003
[2] 顾烈峰.滴灌工程设计图集 .北京:中国水利出版社，2005
[3] 袁寿其.喷微灌技术及设备 .北京:中国水利出版社，2015
[4] 周卫平.微灌工程技术 .北京：中国水利出版社，2000
[5] 苏德荣,田媛.微灌理论与实践 .甘肃：甘肃教育出版社，1999
[6] 周长吉.温室灌溉系统设备与应用.北京:中国农业出版社,2003
[7] 杨天.节水灌溉技术手册.北京:中国大地出版社,2002
[8] 郑耀泉.喷灌与微灌设备.北京:中国水利水电出版社,1998
[9] 杨天.节水灌溉技术手册.北京:中国大地出版社,2002
[10] 周世峰.喷灌工程技术.郑州：黄河水利出版社，2011
[11] 楼豫红.自动控制灌溉系统介绍,四川农机,2003.1
[12] 杨国跃,王卫.浅谈膜下滴灌自动化灌溉技术.节水灌溉,2001.3
[13] 李新平.滴灌智能灌溉模式在大田的应用.新疆农业科技,2010.2